解 读 地 球 密 码

丛书主编 孔庆友

地 球 馈 赠

矿 产 资 源

The Gift of the Earth
Mineral Resources

本书主编 郝兴中 祝德成 宋晓媚

U0302314

山东科学技术出版社

·济南·

图书在版编目（CIP）数据

地球馈赠——矿产资源 / 郝兴中，祝德成，宋晓媚主编 . —济南: 山东科学技术出版社，2016.6（2023.4重印）
（解读地球密码）
ISBN 978-7-5331-8362-2

Ⅰ.①地… Ⅱ.①郝… ②祝… ③宋… Ⅲ.①矿产资源－普及读物 Ⅳ.① TD98-49

中国版本图书馆 CIP 数据核字（2016）第 141405 号

丛书主编　孔庆友
本书主编　郝兴中　祝德成　宋晓媚

地球馈赠——矿产资源
DIQIU KUIZENG——KUANGCHAN ZIYUAN

责任编辑：梁天宏
装帧设计：魏　然

主管单位：山东出版传媒股份有限公司
出　版　者：山东科学技术出版社
　　　　　　地址：济南市市中区舜耕路 517 号
　　　　　　邮编：250003　电话：（0531）82098088
　　　　　　网址：www.lkj.com.cn
　　　　　　电子邮件：sdkj@sdcbcm.com
发 行 者：山东科学技术出版社
　　　　　　地址：济南市市中区舜耕路 517 号
　　　　　　邮编：250003　电话：（0531）82098067
印 刷 者：三河市嵩川印刷有限公司
　　　　　　地址：三河市杨庄镇肖庄子
　　　　　　邮编：065200　电话：（0316）3650395

规格：16 开（185 mm×240 mm）
印张：7.5　字数：135 千
版次：2016 年 6 月第 1 版　印次：2023 年 4 月第 4 次印刷
定价：35.00 元

审图号：GS（2017）1091 号

普及地质科学知识
提高民族科学素质

李廷栋
2016年元月

传播地学知识，弘扬科学精神，
践行绿色发展观，为建设
美好地球村而努力。

翟裕生
2015年10月

贺　词

　　自然资源、自然环境、自然灾害，这些人类面临的重大课题都与地学密切相关，山东同仁编著的《解读地球密码》科普丛书以地学原理和地质事实科学、真实、通俗地回答了公众关心的问题。相信其出版对于普及地学知识，提高全民科学素质，具有重大意义，并将促进我国地学科普事业的发展。

国土资源部总工程师　　　　　　　

　　编辑出版《解读地球密码》科普丛书，举行业之力，集众家之言，解地球之理，展齐鲁之貌，结地学之果，蔚为大观，实为壮举，必将广布社会，流传长远。人类只有一个地球，只有认识地球、热爱地球，才能保护地球、珍惜地球，使人地合一、时空长存、宇宙永昌、乾坤安宁。

山东省国土资源厅副厅长　　　　　　　

编著者寄语

★ 地学是关于地球科学的学问。它是数、理、化、天、地、生、农、工、医九大学科之一，既是一门基础科学，也是一门应用科学。

★ 地球是我们的生存之地、衣食之源。地学与人类的生产生活和经济社会可持续发展紧密相连。

★ 以地学理论说清道理，以地质现象揭秘释惑，以地学领域广采博引，是本丛书最大的特色。

★ 普及地球科学知识，提高全民科学素质，突出科学性、知识性和趣味性，是编著者的应尽责任和共同愿望。

★ 本丛书参考了大量资料和网络信息，得到了诸作者、有关网站和单位的热情帮助和鼎力支持，在此一并表示由衷谢意！

科学指导

李廷栋　中国科学院院士、著名地质学家
翟裕生　中国科学院院士、著名矿床学家

编著委员会

主　　任	刘俭朴　李　琥
副 主 任	张庆坤　王桂鹏　徐军祥　刘祥元　武旭仁　屈绍东
	刘兴旺　杜长征　侯成桥　臧桂茂　刘圣刚　孟祥军
主　　编	孔庆友
副 主 编	张天祯　方宝明　于学峰　张鲁府　常允新　刘书才
编　　委	（以姓氏笔画为序）

卫　伟　王　经　王世进　王光信　王来明　王怀洪
王学尧　王德敬　方　明　方庆海　左晓敏　石业迎
冯克印　邢　锋　邢俊昊　曲延波　吕大炜　吕晓亮
朱友强　刘小琼　刘凤臣　刘洪亮　刘海泉　刘继太
刘瑞华　孙　斌　杜圣贤　李　壮　李大鹏　李玉章
李金镇　李香臣　李勇普　杨丽芝　吴国栋　宋志勇
宋明春　宋香锁　宋晓媚　张　峰　张　震　张永伟
张作金　张春池　张增奇　陈　军　陈　诚　陈国栋
范士彦　郑福华　赵　琳　赵书泉　郝兴中　郝言平
胡　戈　胡智勇　侯明兰　姜文娟　祝德成　姚春梅
贺　敬　徐　品　高树学　高善坤　郭加朋　郭宝奎
梁吉坡　董　强　韩代成　颜景生　潘拥军　戴广凯

编辑统筹　宋晓媚　左晓敏

目 录
CONTENTS

1

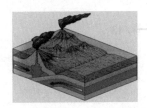

成矿作用过程/36

　　矿床是漫长的地质历史和复杂的演化过程的结晶。大多数矿床的形成经历了"成矿物质产生、成矿物质运移、成矿物质存储、成矿条件变化和矿床形成保存"共5个过程，且不同的矿床成矿作用过程差别巨大。

成矿作用与矿种/37

　　成矿作用与其所属矿床是一种因果关系，具有鲜明的对应性；各种成矿作用及其形成的矿床种类与其区域地质背景和成矿地质条件密切相关。地质工作者利用成矿作用的专属性进行矿产勘查工作，成果斐然。

Part 4　世界矿产资源谈

世界矿产资源概况/40

　　世界上已发现的矿产种类约有200种，如能源矿产、金属矿产、非金属矿产、水气矿产等均有发现；其矿产资源的空间分布、成矿时间、矿床种类规模均各具特色，促进了人类经济社会的稳步发展。

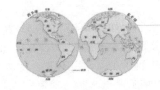

世界矿产资源的特点/42

　　世界矿产资源探明储量巨大，且各种矿产储量差异较大，矿床分布极不均衡。因此，世界范围内的矿产资源保证程度较高，但国家（地区）之间的差别较大。

世界著名矿田（山）荟萃/43

世界上有许多著名的矿床，如加瓦尔油田、卡拉雅斯铁矿、南非兰德金矿、埃斯康迪达铜矿、普列米尔金刚石矿、奥林匹克坝铀矿床、维利奇卡盐矿、乌连戈伊天然气田等。

Part 5 中国矿产资源谈

中国矿产资源概况/58

中国是世界上矿产品种类齐全的少数几个国家之一，已发现矿产168种，其中探明储量的有151种，并有30多种矿产的探明储量居世界前列，钨、锡、铋、锑、钒、钛等10余种矿产资源居世界首位。

中国矿产资源特点/61

中国矿产资源特点鲜明，如各类矿产丰歉有别、矿产分布不均衡；矿产资源总量丰富、但人均占有量少；矿产贫多富少，单矿种矿少，伴生矿多；大型矿床少，中小型居多，各种矿产潜力较大等鲜明的特点。

中国著名矿田（山）撷英/63

中国矿产资源在世界上占有重要地位，拥有众多世界级矿床和矿集区，如大庆油田、大同煤矿、攀枝花铁矿、阳山金矿、白云鄂博稀土矿、个旧锡矿、德兴铜矿、大湖塘钨矿、兰坪铅锌矿、察尔汗盐湖等。

山东蕴藏着丰富的矿产资源，全省已发现矿产150种，探明储量的矿种有81种，属于国内矿种较为齐全的省份之一，且在全国占有较重要地位。山东的矿产开发有力地促进了省内和国内的经济发展和社会繁荣。

山东省矿产资源地域分布差异显著。胶东主要矿产有金、铜、石墨、滑石、菱镁矿等；鲁中主要矿产有铁、铝土矿、石膏、金刚石、岩盐、自然硫、蓝宝石等；鲁西北蕴藏有丰富的石油、天然气等；鲁西南发育煤炭、铁矿资源；毗邻海域主要分布有石油、天然气、煤、滨海砂矿等。

山东优势矿种众多，其中金矿、煤矿、石油、金刚石等主要矿产资源在国内占据十分重要的地位。如胶东地区以约0.3%的国土面积占有全国约1/4的黄金储量和产量，已成为世界级金矿体田。

由于多数矿产资源具有稀缺性和不可再生性，因此，人们在发展过程中需要不断探索新类型矿产资源，需要从新类型、新领域、新深度、新工艺、新用途等多方面进行研究探索，以维持自身的可持续发展。

未来矿产资源有哪些/96

目前，多数未来矿产资源均处于研究阶段，从产出部位来看，陆地、海洋、太空几个领域是未来矿产资源研究的重点，其研究水平关系着国家可持续发展程度，需要积极进行探索研究。

未来矿产资源发展趋势/102

由于人类认识能力和科技水平的局限性，未来矿产资源研究具有前瞻性、勘查具有阶段性；需要更为先进的观点、理论、技术和方法进行研究；促进"未来矿产资源"向"传统矿产资源"的转化。

矿产资源如何保护/102

人类社会的可持续发展依赖于矿产资源的可持续开发。为此，人们采取了开源节流并举，资源节约优先；突出紧缺资源，拓展对外合作等多种技术措施，有效地缓减了资源的压力；但是矿产资源的保护任务仍然十分艰巨。

地学知识窗

Part 1 矿产资源概念谈

矿产资源是成矿地质作用的结晶，是地球馈赠与人类的宝藏

矿产资源储量丰富、种类繁多、分布广泛

矿产资源与人类社会发展紧密相连，是重要的物质基础

矿产资源是自然界的物质组合形式，是亿万年物质演化的"结晶"，是构成人类五彩缤纷世界的重要的物质组成；各种矿产资源是地球馈赠与人类的宝贵财富，是人类赖以生存和经济社会发展的必需品。

矿产资源释义

矿产资源（Mineral Resources）是经过漫长的地质历史时期形成的，出露于地表或埋藏于地下，含有可被利用的有用元素、矿物或岩石，并且人类在当前可以（或今后可能）开发利用的天然（固态、液态或气态）集合体。

自然界中的矿产资源绝大多数赋存于岩石中。对于矿产资源的研究角度是多样的（图1-1）：如元素组成了矿物，矿物又组成了岩石等（含有有用矿物的称之为矿石），各类岩石或矿物集合体组成了矿体和矿床；同种或不同的矿体、矿床在一定的空间区域内形成了大（中、小）型的矿田和矿集区。矿产资源与自然界中的其他物质相似，都是互相依存、彼此联系的，共同处于整个地球系统的不同层次中。

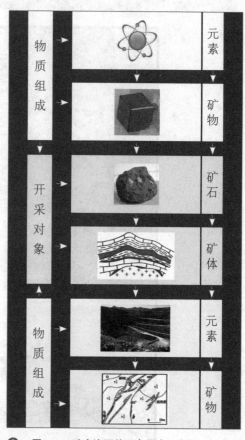

图1-1 矿产资源的研究层次示意图

矿产资源分类

人类社会总是不断向前发展的，所利用矿产资源的深度和广度也是随着社会的逐步发展、生产力的增强而扩大的，所以，矿产资源的分类具有现实局限性和发展动态性。

矿产资源分类原则

由于矿产资源种类的多样性和用途的广泛性，其分类标准也多种多样。以往地质工作者从不同的侧面研究了各类矿产资源，通过系统地总结梳理，主要可以归纳为以下5种分类（图1-2）：

矿床成因和形成条件
物质组成和结构特点
存在形式和产出状态
自身属性和应用途径
研究现状和利用潜力
矿产资源分类

图1-2　矿产资源分类

矿产资源分类概况

按照上述分类原则和标准，我们大致可以将已发现的矿产资源分为以下几类（图1-3）：

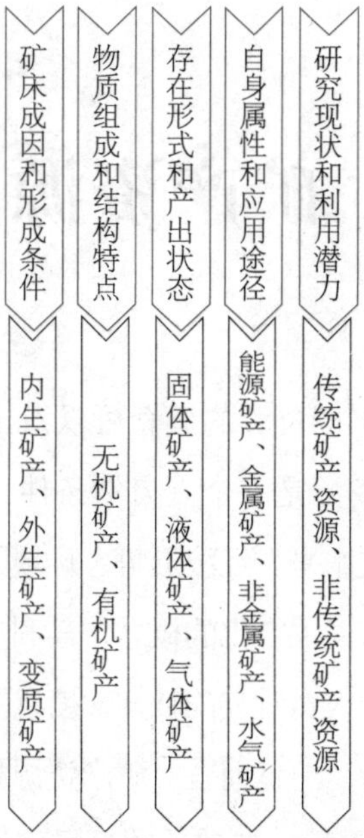

矿床成因和形成条件
物质组成和结构特点
存在形式和产出状态
自身属性和应用途径
研究现状和利用潜力
内生矿产、外生矿产、变质矿产
无机矿产、有机矿产
固体矿产、液体矿产、气体矿产
能源矿产、金属矿产、非金属矿产、水气矿产
传统矿产资源、非传统矿产资源

图1-3　矿产资源分类简图

以属性和用途为例，能源矿产、金属矿产、非金属矿产和水气矿产的代表性矿种如图1-4所示，每个大类的矿种详见图1-5。

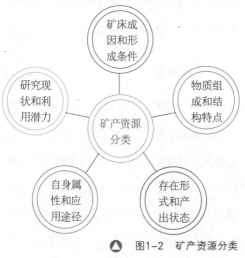

图1-4 矿产资源简图

（图中所示：石油、自然金、钻石、矿泉水）

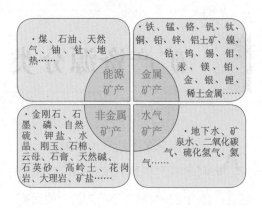

·煤、石油、天然气、铀、钍、地热……

·铁、锰、铬、钒、钛、铜、铅、锌、铝土矿、镍、钴、钨、锡、钼、汞、镁、铂、金、银、锂、稀土金属……

能源矿产

金属矿产

·金刚石、石墨、磷、自然硫、钾盐、水晶、刚玉、石棉、云母、石膏、天然碱、石英砂、高岭土、花岗岩、大理岩、矿盐……

非金属矿产

水气矿产

·地下水、矿泉水、二氧化碳气、硫化氢气、氦气……

图1-5 主要矿种分类简图

矿产资源属性

由矿产资源的概念可以看出，矿产资源是一个受自然条件、地质作用、科技水平、经济形势、环境因素等制约，不断发展变化的概念，其利用价值主要取决于人类对其的认知程度以及开发利用的能力。总体而言，矿产资源具有以下5个基本属性：自然属性、经济属性、技术属性、环境属性、社会属性。

自然属性

矿产资源是地球亿万年来演化过程中形成的物质组合形式，自然属性是其具备的最基本的特性，如分布不均一性、复杂多样性、不可再生性等。

经济属性

矿产资源是一种商品，因其广泛被人类应用而产生了经济价值，它具有十分显著的经济特性。因此，不同的矿产资源具有不同的经济价值，即使同种矿产在不同时期、不同地域的价值也可能是不同的；而且，其经济属性随着供求关系、技

——地学知识窗——

矿 石

矿石是指从矿体中开采出来的，从中可提取有用组分（元素、化合物或矿物）或利用其特性的矿物集合体。包括金属矿石、非金属矿石，以及煤、油页岩等有用的岩石。

矿 体

矿体是指地壳中各种形态及产状的具有工业意义的矿物、化合物的自然聚集体或矿石集合体。

矿 床

矿床是在地壳中由地质作用形成的，其所含有用矿物资源的质和量方面，在一定的技术条件下能被开采利用的地质体。

矿 田

矿田是由一系列在空间上、时间上、成因上紧密联系的矿床组合而成的含矿地区，或矿带中的矿床、矿化点、物化探异常最集中的地区。

术水平、开发成本等多方面的影响具有多变性。

技术属性

矿产资源受到当时开发技术水平的限制，具有动态发展性。随着人类社会的发展，生产力的进步，矿产资源的种类越来越丰富。例如，由于当前技术水平的限制，可能无法勘查和利用的矿产资源，在今后社会的发展过程中，开发或者冶炼等所需要的技术手段得到弥补，使之变成了可以大量使用的矿产资源。

环境属性

矿产资源是自然界的一种产物，它的存在总会对当地的生态环境有着或多或少的影响；利用这一特点，以往地质工作者利用当地的植物进行找矿。在很多情况下，矿床中存在的Hg、Cd、As等元素对环境有破坏作用，产生了多种"地方病"，对人类及动植物的生存等有负面影响，需要地质工作者认真对待。

社会属性

矿产资源总是赋存于地壳中的某个部位，与其所处国家领土主权和地区行政管辖密切相关，具有属地性，因而矿产资源就具有了一种主权和所有权的特征。我国的矿产资源归国家所有，其所有权不因其所依附的土地的所有权或使用权的不同而改变，属于全国人民共同所有，是中华民族的共同财富。

——地学知识窗——

矿石品位

单位体积或单位重量矿石中有用矿物或有用组分的含量称为矿石品位。矿石品位是衡量矿石质量好坏的主要标志，一般以重量百分比表示。

边界品位

在储量计算中圈定矿体时，对单个矿样品中有用组分含量的最低要求，以作为区分矿石与围岩的一个最低品位界限。

矿石品级

根据矿石中有益、有害组分的含量，物理性能，质量差异以及不同用途或要求等，对矿石、矿物划分的不同等级，是工业上合理开采利用的重要依据。

Part 2 矿产资源应用谈

矿产资源应用无处不在，是人类社会发展的基石

与人类生活形影不离，与科技发展息息相关

与国家安全密不可分，与生态环境紧密相连

矿产资源类型多样，性能、用途各异，为人类社会发展提供支撑

矿产资源是人类社会发展的重要物质基础，人类社会的发展和进步与矿产资源的开发利用是密不可分的，一个人在一生中利用的矿产资源总量也是十分巨大的。据美国地质勘探局统计估算，人的一生平均需要约1 678 t矿产资源（表2-1）。

表2-1   人类对矿产资源需求巨大

石油	308.83 m^3	铁矿石	20.49 t
天然气	167069.39 m^3	黏土	9.74 t
金	1.00 kg	盐	14.54 t
铜	0.84 t	锌	0.45 t
煤	265.91 t	石、沙和砾石	743.90 t
磷酸盐	10.75 t	水泥	30.89 t
铝	2.54 t	其他矿物和金属	26.06 t
铅	0.49 t		
通过折算，人的一生需要约1678 t矿产			

矿产资源已在人类日常生活、工业、农业、科技的各个方面得到了广泛的应用，中国90%左右的一次能源、80%的工业原材料、70%以上的农业生产资料和30%以上的生活用水来自矿产资源（钱易等，2010）。简言之，人类社会发展的历史，从一个侧面而言，也就是矿产资源开发利用的历史。

——地学知识窗——

矿产资源储量

矿产资源储量是指矿产资源的蕴藏量，表示方式有矿石量、金属量或有用组分量、有用矿物储量等。

主要矿产资源的用途

石 油

石油（Oil）是承载着近代历史以来工业发展的重要支柱，是现代文明的象征，因其广泛而重要的用途和无可替代的"角色"，常被世人称为"工业血液"。人们平常所说的石油，一般是指"原油"（图2-1）。它是一种可燃性矿物油，多

▲ 图2-1 石油照片

数是褐色或黑色的黏稠液体，也有少数是淡黄色、乳白色甚至淡绿色的似水样液体。石油主要是由碳、氢两种元素组成的多种烃类的复杂混合物，经炼制加工，可得到汽油、煤油、柴油、润滑油、固体石蜡和沥青等产品。它既是重要的工业和民用燃料，也是重要的化学工业原料，是重要的战略资源之一。石油多分布于沉积盆地及其周围，是从地表以下较深的位置开采出来的（图2-2、图2-3）。

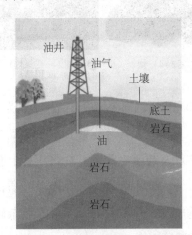

▲ 图2-2 石油油藏

▲ 图2-3 油田生产

煤

煤（Coal）是一种固态的可燃有机岩，是由古代植物埋藏在地下处于空气不足的条件下，经历复杂的生物化学、物理化学变化而逐渐形成的固体可燃性矿物，俗称煤炭（图2-4、图2-5）。煤由有机

△ 图2-4　煤炭　　△ 图2-5　采煤场景

质和无机质两部分构成，前者主要为C、H、O、N、S、P等元素（C和H构成可燃的有机质的主要成分，而S和P属于有害元素）；而后者包括水分和矿物杂质，它们构成煤的不可燃部分，其中矿物杂质经燃烧残留下来，称为灰分——灰分越多，煤质就越差，若灰分超过45%时就不再称为煤，而称炭质页岩或油页岩。煤炭从古至今一直是人类所利用的主要能源，是重要的工业原料，可制造如焦炭、化肥、农药、化纤、塑料等及其相关产品，煤炭当前主要用于取暖（图2-6）、发电（图2-7）和炼焦煤。

△ 图2-6　取暖　　△ 图2-7　煤炭用于发电
火炉

天然气

人们常说的天然气（Natural Gas）是指天然蕴藏于地层中的烃类和非烃类气体的混合物（图2-8），其组成以

△ 图2-8　天然气开发

烃类为主，主要成分是烷烃，其中甲烷占绝大多数，另有少量的乙烷、丙烷和丁烷，此外，还含有硫化氢、二氧化碳、氮气、水汽和少量一氧化碳及微量的稀有气体，如氦和氩等。天然气的密度约为0.65，比空气轻，具有无色、无味、无毒之特性，是较为安全的燃气之一，一旦泄漏，会立即向上扩散，不易积聚形成爆炸性气体，因此，天然气大规模地走进了人类日常生活之中（图2-9、图2-10），且利用领域在不断扩大。

采用天然气作为能源，可减少煤和

△ 图2-9 天然气应用

△ 图2-10 液化天然气运输

石油的用量，因而大大改善环境污染问题；天然气作为一种清洁能源，能减少二氧化硫和粉尘排放量近100%，减少二氧化碳排放量60%和氮氧化合物排放量50%，并有助于减少酸雨的形成，减缓地球温室效应，从根本上改善环境质量。

铁　矿

铁矿（Iron）是世界上发现最早，利用最广，用量也是最大的一种金属，作为一种不可再生资源，它是发展钢铁工业所必需的原料，其消耗量约占金属总消耗量的95%。

铁矿在传统农耕社会（图2-11）和现代工业建设（图2-12）的全部原材料中都占有重要比重。铁矿石类型多样，有赤铁矿、磁铁矿、褐铁矿和菱铁矿等。铁矿石主要用于钢铁工业（图2-13），用于冶炼含碳量不同的生铁（含碳量一般在2%以上）和钢（含碳量一般在2%以下）。

△ 图2-11 汉代铁犁壁画

△ 图2-12 火车铁轨

△ 图2-13 炼钢、轧钢现场

金 矿

金（Gold）是一种贵金属元素，人类开发历史悠久。它以颜色鲜艳，光彩夺目而被称为"金属之王"。金具有低硬度，良好的延展性、导热性、导电性及化学稳定性等优异性能。黄金以其独特性质一直受到人们的青睐，曾作为流通的货币（图2-14），发挥着货币职能，也是佩戴最广的首饰（图2-15）和荣誉的象征（图2-16）。

在自然界中，金矿产出形式多种多样，如自然金、岩金、砂金、含金硫化物等，第四系砂石中自然产出的块状金也偶有发现，俗称为"狗头金"（图2-17，山东地质博物馆馆藏的重812.5 g的狗头金）。金矿坑道开采场景如图2-18所示，这是常用的开采方式。

——地学知识窗——

狗头金

狗头金是指天然产出的，质地不纯的，颗粒大而形态不规则的块金。它通常由自然金、石英和其他矿物集合体组成。有人以其形似狗头，称之为狗头金；有人以其形似马蹄，称之为马蹄金；但多数通称这种天然块金为狗头金。

▲ 图2-14　金币

▲ 图2-15　金项链

▲ 图2-16　北京
奥运会金牌

▲ 图2-17　狗头金

▲ 图2-18　地下采金

铜 矿

铜（Copper）是一种金属元素，也是人体所必需的一种微量元素，属于重金属。铜是人类最早使用的金属之一，也是人类广泛使用的一种金属。自人类从石器时代进入青铜器时代以后，人们就开始采掘露天铜矿，并用获取的铜制造武器、工具（图2-19）、钱币（图2-20）和其他器皿，现代工业进一步拓宽了铜的应用领域（图2-21、图2-22）。铜的使用对早期人类文明的进步影响深远。

自然界中的铜，多数以含铜化合物形式存在。铜矿物与其他矿物聚合成铜矿石，开采出来的铜矿石，经过选矿而成为含铜品位较高的铜精矿，铜也是可以

▲ 图2-19 后母戊鼎 ▲ 图2-20 古代铜钱
（商朝后期铸成）

▲ 图2-21 铜棒 ▲ 图2-22 铜质零件

大量天然产出的（图2-23）。铜矿物种类多样，例如黄铜矿（图2-24）、辉铜矿、斑铜矿（图2-25）、赤铜矿和孔雀石（图2-26）等，能以单质金属状态及黄铜、青铜和其他合金的形态用于工业、工程技术和工艺上。

▲ 图2-23 自然铜 ▲ 图2-24 黄铜矿

▲ 图2-25 斑铜矿 ▲ 图2-26 孔雀石

铝 矿

铝（Aluminum）是一种银白色轻金属，具延展性。铝元素在地壳中的含量仅次于氧和硅，居第三位，是地壳中含量最丰富的金属元素。铝相对密度2.70，熔点660℃，沸点2 327℃，易溶于稀硫酸、硝酸、盐酸、氢氧化钠和氢氧化钾溶液，难溶于水。铝的应用极为广泛，在民用（图2-27）和建筑（图2-28）、航空（图2-29）、汽车等重要工业的发展中得到了广泛应用，部分产品要求材料具有铝及

△ 图2-27　铝壶　△ 图2-28　铝合金门窗　△ 图2-29　航空材料　△ 图2-30　铝土矿石

其合金的独特性质。

　　铝土矿是生产金属铝的最佳原料，是指工业上能被利用的以三水铝石、一水软铝石或一水硬铝石为主要矿物所组成的矿石的统称。如图2-30所示。

银　矿

　　银（Silver）是一种银白色的贵金属。银在自然界中很少量以游离态单质存在，主要以含银化合物矿石存在。银的化学性质稳定，活跃性低，价格贵，导热、导电性能很好，不易受化学药品腐蚀，质软，富延展性，其反光率极高，可达99%以上。

　　银曾经在多个世纪中都是主要的流通货币（图2-31、图2-32）。电子电器是用银量最大的行业，其使用分为电接触材料、复合材料和焊接材料。银是重要的感光材料（摄影胶卷、相纸、X-光胶片等）。银也可用作催化剂、电子电镀工业制剂，且广泛用作首饰、银器（图2-33）、装饰品（图2-34）、餐具、礼品、奖章和纪念币等。

△ 图2-33　银质工艺品　△ 图2-34　银饰品

铀　矿

　　铀（Uranium）为银白色金属，是重要的天然放射性元素，也是最重要的核燃料。铀在接近绝对零度时有超导性，有延展性，并具有微弱放射性。铀于1789年由德国化学家克拉普罗特从沥青铀矿中分离出。1938年发现铀核裂变后，其开始成为主要的核原料，也开始被用作热核武器氢弹的引爆剂。铀可以用于发电（图

△ 图2-31　银元宝　△ 图2-32　"民国"货币

2-35）、生产核武器（图2-36）、提供动力（图2-37）等，是一种在未来可持续发展过程中可以广泛应用的重要清洁能源。

中国是铀矿资源不甚丰富的一个国家。据目前我国向国际原子能机构陆续提供

的一批铀矿田的储量推算，我国铀矿探明储量居世界第十位之后，不能适应发展核电的长远需要，需要地质工作者进一步努力勘查，并且通过国际贸易合作来满足需要。

金刚石

金刚石（Diamond）俗称"金刚钻"，是自然界中最坚硬的物质，由碳元素组成（C），属于碳元素的同素异形体（图2-38），常见八面体或菱形十二面体，质纯者为无色透明，呈金刚光泽。正所谓"没有金刚钻，别揽瓷器活"，金刚石

▲ 图2-35 秦山核电站

▲ 图2-36 "小男孩"原子弹（广岛上空爆炸）

▲ 图2-37 美国核动力航母

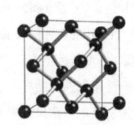

▲ 图2-38 金刚石晶体结构

——地学知识窗——

硬 度

硬度是固体抵抗某种外来机械作用的能力，是鉴定矿物的重要特征之一。在矿物学中，通常所称的硬度多是指摩氏硬度。摩氏硬度计将矿物硬度分为10度，分别为：1-滑石、2-石膏、3-方解石、4-萤石、5-磷灰石、6-正长石、7-石英、8-黄玉、9-刚玉、10-金刚石。

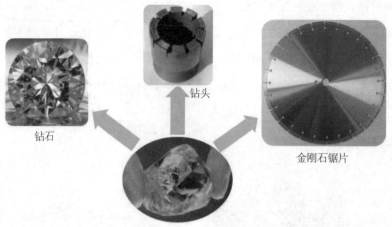

图2-39　金刚石及其用途

的用途非常广泛（图2-39），例如：工艺品、工业中的切割工具，晶形较好的金刚石可以用于制作贵重宝石。

金刚石在自然界十分稀少，形成条件极为苛刻。路凤香等（1998）研究认为，原生金刚石可划分为3种成因类型：金伯利岩和钾镁煌斑岩型、超镁铁质岩侵入体型及超高压榴辉岩和高压变质岩型，以上岩石在自然界分布十分局限。

自然硫

自然硫（Sulfur）（图2-40）呈黄色，含杂质时则呈不同色调的黄色。火山岩自然硫往往含有少量砷、碲、硒和钛，沉积型自然硫常夹杂有方解石、黏土、有机质和沥青等。其熔点为112.8℃～119.3℃，沸点444.6℃，不溶于

图2-40　自然硫晶体

水，稍溶于酒精和醚类，易溶于二硫化碳、四氯化碳和苯。该品属于二级易燃物，自燃点205℃。

自然硫及其他相关矿物是化学工业的基本原料，主要用于制造硫酸（图2-41、图2-42），占消费总量的85%以

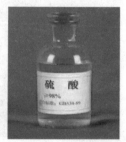

图2-41　黄铁矿　　图2-42　硫酸

上，其中1/2以上用于生产硫酸镁、磷酸铵、过磷酸钙等化学肥料，其余用于化学制品，如合成洗涤剂、合成树脂、染料、药品等。非酸类的应用包括用于纸张、人造丝、医药、染料、玻璃等行业。

石　墨

石墨（Graphite）是碳元素（C）结晶矿物，是元素碳的一种同素异形体（图2-43）。通常产于变质岩中，是煤或碳质岩石（或沉积物）受到区域变质作用或岩浆侵入作用形成。自然界形成的石墨可分为鳞片石墨和土状石墨（图2-44）。

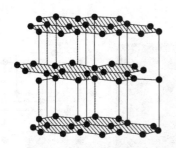

▲ 图2-43　石墨的晶体结构

▲ 图2-44　石墨

石墨用途广泛，目前主要用作耐火材料，导电材料，耐磨润滑材料，作铸造、压模及高温冶金材料，用于原子能工业和国防工业，作铅笔芯（图2-45）、颜料、抛光剂、电极（图2-46）等。

▲ 图2-45　铅笔

▲ 图2-46　电池

滑　石

滑石（Talc）是一种常见的硅酸盐矿物（化学式为$Mg_3[Si_4O_{10}](OH)_2$）（图2-47），一般呈块状、叶片状、纤维状或放射状，颜色为白色、灰白色，并且会因含有其他杂质而带各种颜色。滑石是热液蚀变矿物，富镁矿物经热液蚀变常变为滑石。滑石质地非常软且具有滑腻的手感，其摩氏硬度为1。

▲ 图2-47　滑石及滑石粉

滑石用于耐火材料、造纸、橡胶的填料、农药吸收剂、皮革涂料、化妆材料及雕刻用料等等，是重要的工业材料。

石 膏

石膏（Gypsum）是硫酸盐大类，单斜晶系矿物（图2-48），是主要化学成

△ 图2-48 石膏晶体

分为硫酸钙（$CaSO_4$）的水合物，它的硬度很低，是表生地质作用常见的典型沉积矿物，大量发育于蒸发岩系中。

石膏是一种用途广泛的工业材料和建筑材料，可用于水泥缓凝剂、石膏建筑制品（图2-49、图2-50）、模型制作（图

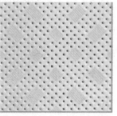

△ 图2-49 工业领域

△ 图2-50 建筑领域

2-51）、医用食品添加剂、硫酸生产、纸张填料、油漆填料等。

盐 矿

盐矿（Halite）为NaCl的总称，又称为"盐""钠盐"，其代表矿物为食盐。晶体常呈立方体（晶体结构见图2-52、图2-53），集合体（图2-54）一般为粒状、致密块状，有时呈柱状、纤维状、毛发状、盐华状等。无色透明或白色（含泥质时呈灰色，含氢氧化铁时呈黄色，含氧化铁时呈红色，含有机质时呈黑褐色）。玻璃光泽，硬度2～2.6，易溶于水，易潮解，味咸，有凉感，不导电。

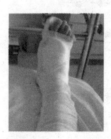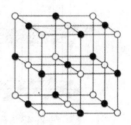

△ 图2-51 医用领域 　△ 图2-52 食盐的晶体结构（钠离子"○"和氯离子"●"组成）

△ 图2-53 盐矿晶体 　△ 图2-54 盐矿物集合体

盐的原料来源可分为4类：海盐、湖盐、井盐和矿盐。以海水为原料晒制而得的盐叫作"海盐"；开采现代盐湖矿加工制得的盐叫作"湖盐"；运用凿井法汲取地表浅部或地下天然卤水加工制得的盐叫作"井盐"；开采古代岩盐矿床加工制得的盐则称"矿盐"。由于岩盐矿床有时与天然卤水盐矿共存，加之开采岩盐矿床钻井水溶法的问世，故又有"井盐"和"矿盐"的合称——"井矿盐"，或泛称为"矿盐"。

盐是世界上利用最普遍的非金属矿物原料，是国计民生一日不可或缺的必需矿制品，也是化学工业的基本原料，在农业和其他工业中也有极其广泛的用途。工业用盐大部分用于生产纯碱、烧碱、氯气、盐酸、金属钠等；在农业上可用于选种、施肥等，增加作物产量。盐也是渔业、食品加工和贮藏、水处理、国防和国家储备必不可少的物质，又是换取外汇的重要出口产品。总之，用盐是人类战胜自然跨入历史文明的第二大象征，其消耗量也是衡量一个国家工业化水平的重要标志之一。

稀 土

稀土元素（Rare Earth Elements）是镧系元素（15种）以及与其化学性质相近的2个元素钪（Sc）、钇（Y）的总称，共计17种元素。以往科学家一般把不和水起作用的无金属光泽的氧化物叫作"土"，由于上述元素的氧化物多呈土状，不溶于水，同时，这些元素在地壳中含量较少，或分散难以提取，所以称之为稀土元素。稀土元素可分为"轻稀土元素"和"重稀土元素"，前者是指原子序数较小的钪Sc、钇Y和镧La、铈Ce、镨Pr、钕Nd、钷Pm、钐Sm、铕Eu；后者是指原子序数比较大的钆Gd、铽Tb、镝Dy、钬Ho、铒Er、铥Tm、镱Yb、镥Lu。

稀土在国防军事、冶金工业、石油化工、玻璃陶瓷、新材料、农业方面都有广泛的应用（图2-55）。稀土在高科技领域内有着不可替代的作用，是世界各国争夺的战略资源。

▲ 图2-55 稀土的应用

地学知识窗

稀土元素

稀土元素是指化学元素周期表中镧系元素——镧（La）、铈（Ce）、镨（Pr）、钕（Nd）、钷（Pm）、钐（Sm）、铕（Eu）、钆（Gd）、铽（Tb）、镝（Dy）、钬（Ho）、铒（Er）、铥（Tm）、镱（Yb）、镥（Lu），以及与镧系的15个元素密切相关的两个元素——钪（Sc）和钇（Y）共17种元素，称为稀土元素，因其被广泛地应用也被称为"工业维生素"。

饰面花岗石

饰面花岗石（Commercial Granite Facing Stone）是重要的装饰材料和建筑材料。它具有花岗岩优良的物理性能，结构致密，抗压强度高，吸水率低，表面硬度大，化学稳定性好，耐久性强，但耐火性差。如图2-56所示。花岗岩常常以岩基、岩株、岩块等形式产出，并受区域大地构造控制，一般规模都比较大，分布也比较广泛，所以开采方便，易出大料，并且其节理发育有规律，有利于开采形状规则的石料。

饰面花岗石美丽、耐久、非常坚硬，质地纹路均匀，颜色虽然以淡色系为主，但也十分丰富，有红色、白色、蓝色、绿色、黑色、紫色、棕色、米色等，而且其色彩相对变化不大，适合大面积地使用。由于花岗石中常常含有放射性物质，使用花岗石的时候需要测量其辐射水平，再确认其使用场合。

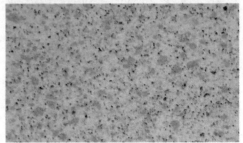

图2-56　花岗岩饰面石材

饰面大理石

饰面大理石（Commercial Marble Facing Stone）是重要的装饰材料和建筑材料，其矿物成分主要由方解石、石灰石、蛇纹石和白云石组成，其化学成分以碳酸钙为主，约占50%以上，其他还有碳酸镁、氧化钙、氧化锰及二氧化硅等。

　　大理石泛指大理岩、石灰岩、白云岩以及碳酸盐岩经不同蚀变形成的矽卡岩和大理岩等（图2-57）。大理石是地壳中原有岩石经过地壳内高温高压作用形成的变质岩，地壳的内力作用促使原来的各类岩石发生质的变化，即原来岩石的结构、构造和矿物成分发生改变。大理石一

般物理性质比较软，主要用于加工成各种型材、板材，作建筑物的墙面、地面、台、柱、碑、塔、雕像等的材料，还可以雕刻成工艺品、文具、灯具、器皿等实用艺术品。纹理清晰弯曲的大理石，光滑细腻，亮丽清新、典雅大方，是广受欢迎的饰面材料（图2-58）。

▲ 图2-57　大理石矿

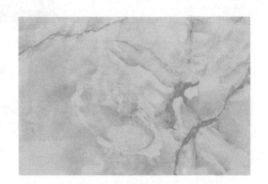

▲ 图2-58　大理石面

矿产资源与人类社会的关系

　　矿产资源与人类社会的关系极为密切，在日常生活、科技发展、国家安全、生态环境等方面均处处体现。

与人类生活的关系

　　我们的日常生活时时刻刻都离不开矿产资源，在我们的衣食住行中处处得以体现（图2-59）。我们生活中的衣服布

图2-59　人类衣食住行离不开矿产资源

四、机械设备多是由矿产资源加工而成。

"民以食为天"，从粮食耕作、肥料添加、除草打药、作物收获，到食品加工、交通运输等等，均有矿产资源的参与。

高楼大厦、住宅小区、家居装饰是矿产资源应用的充分体现，从基地建设、钢筋混凝土、楼板铺盖、装修建设，到处都有矿产资源的"身影"。日常出行所使用的各种交通工具和设施，如飞机、船舶、火车、油料动力及其相关配套设施是矿产资源的高端体现，为我们日常出行提

供了极大的方便。

在当代社会中，人们日常生活中佩戴的各种首饰、金银珠宝、古玩赏石都是由各种金矿、银矿、铂矿、红蓝宝石矿等中提炼、研制、打磨而成。化学原料、药材加工、生物制品、手机、电脑等高科技设备充斥在生活中的方方面面，为我们提供高端通讯服务，此外，较好的矿物可以作为观赏石（图2-60、图2-61、图2-62）。由此可见，矿产资源与人们的日常生活密不可分。

图2-60 双胆玛瑙赏石　图2-61 红刚玉赏石

图2-62 方铅矿、水晶等赏石

与科技发展的关系

矿产资源是科技进步的重要支撑，科技水平的提高反过来又促进了矿产资源的勘查。在人类社会发展过程中，矿产资源的开发利用能力几乎是生产力发展的"代名词"。人们处处可见的物品所需的基本原料多是矿产资源，而制作这些物品背后的基础材料也是矿产资源（图2-63），随着科技水平的发展，矿产资源开发的水平和利用的广泛程度在逐步增加。

人类文明和社会进步很大程度上取决于人类对矿产资源的开发利用。人类历史上几个重要的发展阶段——石器时代、青铜器时代、铁器时代、化石能源时代和数字网络时代，都同矿产资源的开发和利用有极大的关系。目前，我国国民经济的快速发展对矿产资源及其原材料的需求处于快速增长时期，社会对矿产资源的需求将保持强劲的势头，一些大宗支柱性矿产供需矛盾将日益加剧，我国面临的资源形势将十分严峻。保障国民经济健康发展，不断增强矿产资源的供应能力，实现矿产

图2-63 科技发展离不开矿产资源

23

资源的可持续利用，已成为我国经济社会发展的一项长期艰巨的任务。

与国家安全的关系

矿产资源是国家安全的保障（图2-64）。矿产资源的分布是极不平衡的，在整个人类历史上，绝大多数战争和纠纷是为了争夺资源而引发的。因此，作为总量有限而又分布不均的物质财富，资源对国家安全及发展有着十分重要的作用。

资源安全——矿产资源同国家主权和领土、地区行政管辖密切相关，资源安全在国家安全中占有基础地位，要求矿产资源数量要充裕、质量有保证、结构要稳定、人均要均衡、经济要合理。

军事安全——关系着国家的经济、

图2-64　国家安全离不开矿产资源

领土完整、民族的存亡等。主权国家要保卫其国家主权和领土完整，有效遏制、抵御外来武装力量的侵略活动，这就需要有自给自足的矿产资源。

经济安全——在经济全球化时代中，具有充足的资源供应促进经济可持续发展，使综合国力得到显著增强，才能有效化解经济全球化所带来的诸多负面影响，保证国家经济安全。

与生态环境的关系

矿产资源对人类的生存和发展都具有重要意义，矿产资源富有地区的人们充分利用其资源优势创造了无数人间奇迹。同时，地质工作者找矿的脚步从未曾停歇，在浅表矿产资源越来越少的情况下，人们已经开始走向了如高山、深海、草原、沙漠（图2-65），这些地方可能蕴藏着不同种类的矿产资源（据侯增

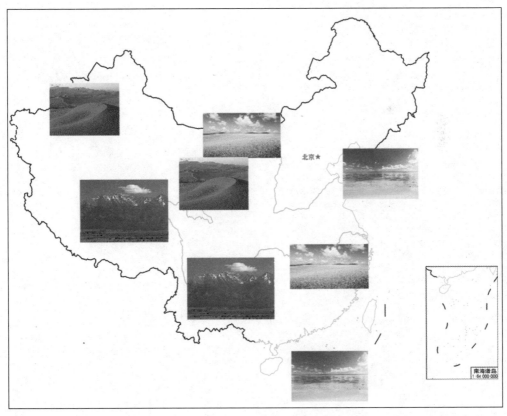

▲ 图2-65　矿产资源与人类环境和谐共处

谦等，2006），青藏高原地区发育有Cu矿、Sb-Au矿、Ag-Pb-Zn矿及Cs-Au矿等；国内外的勘查表明，深海石油、天然气已是当前重要的能源来源之一；隐伏区（如草地）是目前矿产勘查的主要找矿方向之一（如在呼伦贝尔草原下埋藏着丰富的煤炭资源；中东地区蕴藏着丰富的石油资源），其中部分已经成为当前的主要勘查地区。人们在利用自然资源的过程中，也带来了不可忽视的环境影响，为了人类具有优越的生存环境，我们需要切实保护这些环境。

由于矿产资源的环境属性，我们需要对影响生态环境的各种地质因素采取有效措施进行改善，对于矿产开发过程中产生的环境污染进行最大限度的恢复治理，从而取得"金山银山"和"绿水青山"的和谐发展。因此，在人类对生存环境的重视程度越来越高的今天，我们需要认真评价矿产资源的环境效益。

Part 3 矿产资源成因谈

矿产资源是经历了漫长的成矿作用并最终形成的

成矿作用可分为内生、外生、变质和叠生4个

矿产资源的形成及演化过程包括"源、运、储、变、保"5个方面

地球作为宇宙中的一个天体，是个复杂的系统，自身始终处于一个不停运转的巨系统中，时刻与地球之外的物质、能量存在着联系。在地球系统（图3-1）中，成矿系统也是其一个重要组成部分。在漫长的地史进程中，成矿系统在自然界产生了种类繁多的矿石类型。

△ 图3-1 地球系统示意

成矿作用概述

成矿作用（Mineralization）是指在地球的演化过程中，分散在地壳和上地幔中的化学元素，在一定的地质环境中相对集中而形成矿床的各种地质作用。成矿过程的差异性即对应了成矿作用的多样性，导致了矿产资源纷繁复杂。

成矿作用与矿产资源紧密联系，对于成矿作用而言，一种矿产可由多种成矿作用形成，而一种成矿作用又能形成多种矿产。自然界中成矿作用众多，由于形成矿产资源的地质作用和能量、物质来源和形成环境的不同，导致了成矿作用持续的时间有长有短、强度有强有弱、形成的矿床有大有小、矿石的品位有贫有富、生成的深度有深有浅、矿石物质有单一矿种也有伴生矿种。

成矿作用分类

矿产资源是多种多样的，其对应的矿床成因类型也是多样的。一个地区范围内矿产能否形成、形成多少与优劣均与该地区的成矿地质条件是否有利和成矿作用效果直接相关。概括而论，地球上的主要成矿作用类型有如下4种：即内生成矿作用、外生成矿作用、变质成矿作用和叠生成矿作用（图3-2）。

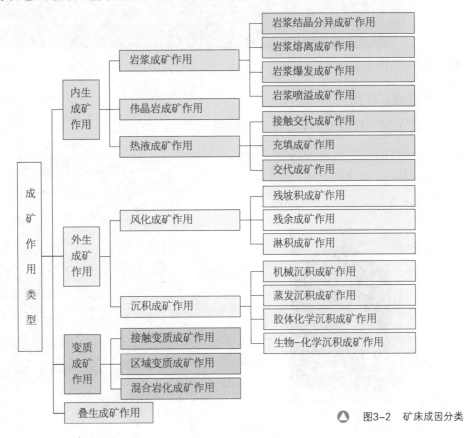

▲ 图3-2　矿床成因分类

内生成矿作用

内生成矿作用主要是指由地球内部热能及岩浆活动形成矿床的各种地质作用（图3-3）。内生成矿作用包括岩浆成矿作用、伟晶岩成矿作用、接触交代成矿作用和热液成矿作用等。

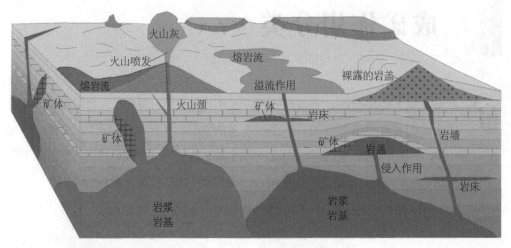

图3-3 地球内部地质作用示意图

岩浆成矿作用

主要是指在岩浆结晶和分异作用过程中，各种有用组分聚集而形成矿床的作用，由这种成矿作用形成的矿床称为岩浆矿床（图3-4）。

图3-4 铬铁矿床

——地学知识窗——

岩 浆

岩浆是地壳深部或上地幔物质部分熔融而产生的炽热熔融体，温度一般为700℃～1 200℃，其成分以硅酸盐为主，并具有一定的黏度。它在构造运动或其他内力的影响下，可以侵入地壳或喷出地表，经冷却固结后形成各种火成岩。

伟晶岩成矿作用

主要是指含挥发分的熔浆，在稳定的地质和物理化学条件下，经过结晶作用和气液交代作用所发生的矿物质的聚集作用。这种作用的结果形成伟晶岩矿床。

接触交代成矿作用

主要是指侵入岩与围岩接触时所发生的岩浆-围岩-气水溶液之间进行物质交换的成矿作用。由这种作用形成的矿床称为接触交代矿床。

热液成矿作用

主要是由含热水溶液——包括岩浆成因的热液、地下水热液和变质热液以及复合成因的热液，在与围岩进行作用的过程中，由于温度、压力、浓度等变化，使矿物质集中的作用。由热液成矿作用形成的矿床称为热液矿床。

与内生成矿作用有关的矿产有：铁、镍、钴、钨、锡、钼、铅、锌、汞、锑、金、银、铂族、锂、铍、铌、钽、铀、钍、稀土及云母、长石、石英、石棉、金刚石等。

外生成矿作用

主要指在太阳能影响下，在地壳表层的岩石、水、空气和生物等的相互作用过程中，使成矿物质富集的各种地质作用

——地学知识窗——

岩浆岩

岩浆岩（火成岩）属于三大岩类的其中一种，是由岩浆喷出地表或侵入地壳冷却凝固所形成的岩石。

（图3-5）。外生成矿作用主要包括两种形式，即风化成矿作用和沉积成矿作用。

风化成矿作用是指地表岩石经风化作用，使有用物质基本在原地聚集成矿的作用。由这种作用形成的矿床称为风化矿床。原有矿床在经受风化作用时，可使成矿组分进一步富集，因而提高了矿床的经济价值。

沉积成矿作用是指地表的成矿物质（岩石风化产物、火山喷出物、生物有机质等）经过沉积分异（机械的、化学的、生物的）而集中形成矿床的作用。

外生成矿作用主要有固体、液体、气体类型的矿产资源，主要形成的矿产资源有煤、石油、铁、铝（图3-6）、锰、磷及各种盐类矿床（图3-7）。

变质成矿作用

变质成矿作用主要是指在变质过程中，有用矿物的形成或集中的作用，或使

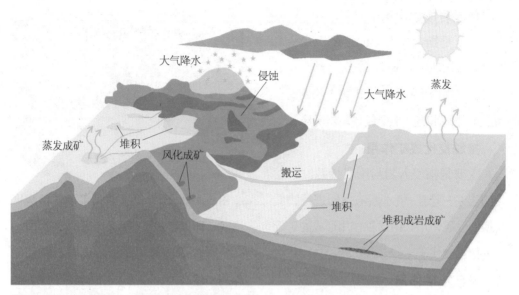

▲ 图3-5　外生成矿作用示意

▲ 图3-6　铝矿开发现场

▲ 图3-7　盐矿物集合体

早期形成的矿床发生变质改造的作用（图3-8），其所形成的矿床称为变质矿床。变质成矿作用发生在地壳内部，成矿的温度和压力较高。变质成矿作用类型多样，形成的矿产资源与内生成矿作用和外生成矿作用密切相关。

——地学知识窗——

沉积岩

沉积岩属于三大岩类的其中一种，是在地壳表层条件下，母岩经风化、生物、化学和某种火山作用的产物，经过搬运、沉积形成成层的松散沉积物，而后固结形成的岩石。

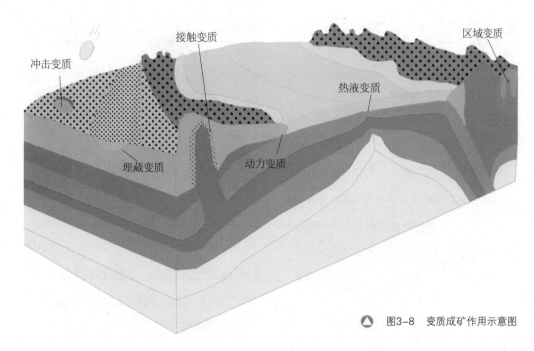

△ 图3-8 变质成矿作用示意图

　　按照成矿地质环境和成矿方式，变
质成矿作用可分为接触变质作用、动力变
质作用、冲击变质作用、气液交代变质作
用、区域变质作用（图3-9）、洋底变质
作用、埋藏变质作用和混合岩化作用等。
接触变质成矿作用指侵入体与围岩接触
时，围岩受热变质重结晶而形成矿床的成
矿作用；区域变质成矿作用指在区域变质
作用下，使有用矿物富集的成矿作用；混
合岩化成矿作用指在深变质条件下，由于
富碱硅质深熔熔浆和变质热液交代而发生
混合岩化过程，使围岩中的有用物质活化
转移而在有利条件下富集成矿的成矿作
用。

△ 图3-9 大理岩矿（属变质矿床）

叠生成矿作用

　　主要体现在早期形成的矿床叠加后的
成矿作用，使早期形成的矿床遭受不同程
度的改造和变化。在现实的成矿作用过程

图3-11 大厂锡矿石

——地学知识窗——

变质岩

变质岩属于三大岩类的其中一种，是由变质作用所形成的岩石。在变质作用条件下，使地壳中已经存在的岩石（岩浆岩、沉积岩及先前已形成的变质岩）变成具有新的矿物组合及变质结构构造特征的岩石。变质岩约占地壳总体积的27%。

中，内生成矿作用、外生成矿作用、变质成矿作用这三大类成矿作用彼此有或多或少的联系，甚至是几种类型成矿作用共同作用形成（图3-10）。

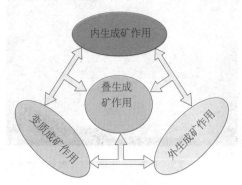

图3-10 各种成矿作用之间的关系

如有些热液矿床是在岩浆热液与地下水热液的联合作用下形成的（图3-11）；而火山—沉积矿床则是火山活动和沉积作用共同作用的产物。有些矿床则是上述几种成矿作用叠加的结果，如层控矿床常是内生成矿作用与外生成矿作用相结合而形成的，沉积变质型铁矿是由沉积成矿作用和变质成矿作用共同形成的。

一定的成矿作用及其产物（即矿床）与一定的地质作用及其产物（地质体）具有专属关系，成矿作用与矿床具有对应关系（图3-12、图3-13、图3-14），其对应特征详见表3-1。

图3-12 绿柱石（是在内生作用下形成的）

▲ 图3-13 褐铁矿石（是在内生作用结合外生作用下形成的）

▲ 图3-14 红宝石（是在内生作用或变质作用下形成的）

表3-1　成矿作用与矿床对应简表

分类原则	详细分类
内生矿床	岩浆矿床
	伟晶岩矿床
	汽化热液矿床
	喷气矿床（含火山-喷气矿床）
	接触交代矿床
	热液矿床
变质矿床	受变质矿床
	变成矿床
	混合岩化矿床
外生矿床	风化矿床
	残余矿床（残积矿床）
	淋积矿床
	沉积矿床
	机械沉积矿床（砂矿床）
	蒸发沉积矿床（盐类矿床）
	胶体化学沉积矿床
	生物-化学沉积矿床（石油、煤等）
叠生矿床	层控矿床

　　根据国内外相关资料的分析，成矿作用随着地球演化的不断推进而呈现成矿物质由少到多、矿床类型由简到繁、成矿频率由低到高、聚矿能力由弱到强的演化趋势。

成矿作用过程

　　"冰冻三尺，非一日之寒"，一个矿床在形成过程中经历了复杂的过程，是亿万年来地质作用的结果。我国著名地质学家翟裕生（2010，2014）在系统地总结了矿产资源的形成过程后，提出了成矿过程需要的5个要素，即"源、运、储、变、保"。由此可知，一个矿床的形成经历了多个演变过程（图3-15、图3-16）。

　　"源"，即成矿物质来源，也是包

🔺 图3-15　成矿五要素

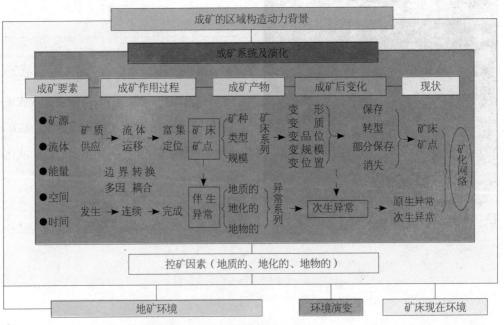

🔺 图3-16　成矿要素与成矿系统结构图（翟裕生等，2010，有修改）

括成矿过程所必须具备的流体、能量、时空条件，它是成矿作用的开始阶段；

"运"，即成矿物质的运移过程，也是成矿物质搬运到富集的中间过程，它是成矿作用能否继续的重要环节；

"储"，即成矿物质的堆积过程，是大多数成矿作用的终点，也可能是成矿作用的雏形，需要进一步富集并最终成矿

的"胚胎"；

"变"，是成矿作用的进一步富集过程，即矿床的形成变化的过程；

"保"，是已经形成的矿床进一步保存、转型或者消失的重要阶段。

由此可知，我们现今看到的矿床都是经过多个阶段和过程所保存下来的产物。

成矿作用与矿种

成矿作用与其形成的矿体是一种因果关系，具有明显的对应性，其中某些矿种不用进行冶炼、提纯等，而在社会生活中广泛应用，其岩石、矿物本身就是矿产资源（如饰面石材矿、地下水资源）。由前面的论述可知，部分矿种均经历了多次或多种成矿作用，因此，分类过程中往往以其主要的成矿作用进行归类（表3-2）。

表3-2　　　　　　　　　　　成矿作用与矿种对应表

分类	详细分类	矿 种 简 介
内生矿床	岩浆矿床	铬铁矿矿床、钒钛磁铁矿矿床、铜、镍（铂）硫化物矿床、金伯利岩中的金刚石矿床、铌钽和稀土元素矿床、磷灰石矿、建筑材料等非金属矿
	伟晶岩矿床	花岗伟晶岩矿床、稀有金属伟晶岩矿床、白云母伟晶岩矿床、水晶伟晶岩矿床、长石伟晶岩矿床
	热液矿床	高温热液脉型矿床、中温热液脉型矿床（金矿、铜矿）
	接触交代矿床	矽卡岩矿床（铁矿、铜矿）

（续表）

分类	详细分类		矿种简介
外生矿床	风化矿床		风化镍矿床、铝土矿、天青石矿、高岭土矿、风化壳型稀土矿、红土型金矿床
	残余矿床（残积矿床）		坡积砂金矿、红土型铁矿床、红土型铝土矿矿床、红土型镍矿床、残余黏土矿床
	淋积矿床		褐铁矿等
	沉积矿床	机械沉积矿床	砂矿（金、铂、金刚石、锡石、黑钨矿、金红石、铌钽铁矿、水晶、刚玉、锆英石、独居石、辰砂、铬铁矿、磁铁矿、钛铁矿、宝石以及磷酸盐）
		蒸发沉积矿床	（盐类矿床）钾钠、镁、钙的氯化物、碳酸盐、硫酸盐、重碳酸盐、硼酸盐和硝酸盐等
外生矿床	沉积矿床	胶体化学沉积矿床	沉积铁矿床、沉积锰矿床、沉积铝矿床和黏土矿
		生物-化学沉积矿床	沉积磷灰石矿床、硫化铁矿床、沉积自然硫矿床、硅藻土矿床、生物灰岩矿床
	可燃有机矿床		煤、油页岩、石油、天然气
变质矿床	接触变质矿床		石墨、大理岩、磁铁矿、铜矿
	区域变质矿床		沉积变质型铁矿、沉积变质型铜矿、沉积火山型铜矿、菱镁矿、石棉、磷灰石矿
	混合岩化矿床		磷矿、铀矿、金矿、铜矿、稀有矿床、稀土矿床
叠生矿床	层控矿床		砂岩铜矿床、铁-稀有稀土矿床、黄铁矿型铜矿床、铅锌矿床、沉积变质型铁矿

由表3-2可知，成矿作用与其形成的矿种具有明显的对应性，通过分析研究，可以对相关地区矿产勘查工作提供理论指导和找矿依据。

世界矿产资源谈

世界矿产资源分布广泛、种类繁多，已发现200余种

全球矿产资源储量巨大、分布不均，著名矿山众多，潜力巨大

世界各国资源差异极大，通过资源贸易，以促进共同发展

矿产资源是自然界既普遍又特殊的天然地质体，其普遍性体现在地球上广泛分布有各种各样的矿床，世界各国几乎都发现有不同种类的矿产资源；而其特殊性显示其是一种"地质异常"，主要体现在矿体与其周围的地质环境之间的关系。该"地质异常"是找矿工作者寻找的主要对象。

世界矿产资源概况

迄今为止，世界上已发现的矿产种类约有200种，能源矿产、金属矿产、非金属矿产、水气矿产等均有发现，是人类历史进步的重要基础。

矿产资源的空间分布

全球的矿产资源种类多样、分布广泛；但由于矿产资源与其地质背景、成矿条件密切相关，因此，由于地球物质分布和成矿地质条件的差异性，导致了全球的绝大部分矿产资源分布极不均匀。世界上主要金属和非金属矿产资源分布如图4-1所示。

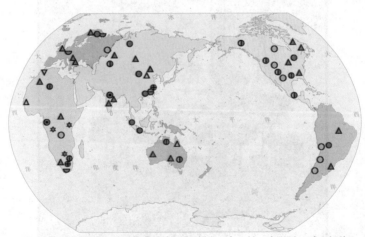

▲铁 ●锰 ◐镍 ◎钨 ◉铜 ⊕铅锌 ○锡 △铝土 ✦金 ◑铀 ✶金刚石 ▽磷 ⊖钾盐

图4-1　世界主要金属、非金属矿产资源分布

矿产资源空间分布的差异性在各个国家的储量差异上表现十分明显，如图4-2所示。由此可见，矿产资源在全球分布很不平衡，也是地球上物质分布不均的显著体现。

	石油
	·主要分布在沙特阿拉伯、俄罗斯、伊朗、伊拉克、科威特、阿联酋、利比亚等
	 铁矿
	·主要分布在巴西、俄罗斯、加拿大、澳大利亚、乌克兰、印度、中国等
	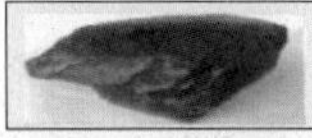 煤矿
	·主要分布在中国、美国、印度、俄罗斯、澳大利亚、南非、波兰、德国等
	 铜矿
	·主要分布在智利、美国、澳大利亚、俄罗斯、赞比亚、秘鲁、扎伊尔等
	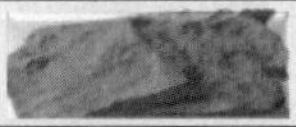 铝矿
	·主要分布在几内亚、澳大利亚、巴西、牙买加、印度、中国、喀麦隆、苏里南等
	 铅锌矿
	·多为铅锌复合矿床，主要分布在美国、加拿大、澳大利亚、中国和哈萨克斯坦等
	 锡矿
	·主要分布在印度尼西亚、中国、泰国、马来西亚、玻利维亚等
	 锰矿
	·主要分布在南非、乌克兰、澳大利亚、巴西、印度和中国等
	 金矿
	·主要分布在南非、俄罗斯、加拿大、美国、中国、巴西、澳大利亚等
	 金刚石
	·主要产出国是澳大利亚、扎伊尔、博茨瓦纳、俄罗斯、南非等
	 盐矿
	·主要分布在中国、美国、俄罗斯、德国、加拿大、英国、印度、法国、墨西哥等

图4-2 世界主要矿产资源分布国家

矿产资源的成矿时间

矿产资源在地质历史时间上的分布是不均匀的，某些矿种或矿床常在某一地区的某一地质时代内集中出现，即称之为成矿期。全球有多个成矿期，各个成矿期中所成的矿种与其成矿环境具有巨大的相关性，所形成的矿种也不同。例如世界上70%的金矿、62%的镍和钴矿、60%以上的铁矿形成于前寒武纪；80%的钨矿形成于中生代；85%以上的钼矿形成于中、新生代；50%的锡矿形成于中生代末；40%以上的铜矿形成于新生代等。外生矿产中，世界范围内的煤主要形成在石炭—二叠纪；石油主要形成于新生代；世界上的盐类矿产主要形成于二叠纪。以新生代成矿期为例，该时期矿化作用很强，形成了钨、锡、铜、钼、铬铁矿床等，其中，在受板块构造控制的环太平洋成矿带、阿尔卑斯成矿带，勘查过程中，新矿田、矿床不断涌现。这无论在全球还是在我国，都具有十分重大的意义。

——地学知识窗——

板块构造

板块构造是由于洋底分裂、扩张，岩石圈上板块间的运动相互作用形成的全球性板块状地质构造，可分为亚欧板块、非洲板块、美洲板块、太平洋板块、印度洋板块和南极洲板块，共六大板块。

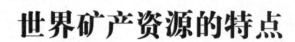

世界矿产资源的特点

世界各国矿产资源的基本特点较为鲜明。

世界矿产探明储量分布广泛，但储量分布很不平衡，相对集中于少数国家和地区

美国、俄罗斯、哈萨克斯坦、乌克兰、中国、南非、澳大利亚、加拿大等国所拥有的矿产资源，无论其种类还是数量，都位居世界前列。根据40种矿产1992年世界储量分布所作的统计，有15种矿产3/4以上的储量集中在3个国家；有26种矿产3/4以上的储量集中在5个国家；有12种矿产一半以上的储量集中在工业国家。但在西方工业国家中，80%以上的主要金属和非金属矿产的储量仍主要分布在美国、加拿大、澳大利亚和南非4个国家中。以下国家或地区所拥有的某种矿产在世界上都占有举足轻重的地位：中东的石油；俄罗斯和中东的天然气；俄罗斯、美国、中国、澳大利亚、德国、印度、南非等国的煤炭；俄罗斯、澳大利亚、巴西、加拿大的铁矿；南非和俄罗斯的金矿和锰矿；澳大利亚、几内亚、巴西、牙买加的铝土矿；中国的稀土矿（拥有世界储量的80%）。

世界范围内的矿产资源保证程度较高，但地区与国家之间的差别较大

随着人口数量的增加，不可再生资源的逐步开发，人均拥有的资源量逐步减少；但各个国家的人口和国家面积是有差异的，这是造成各个国家资源保证程度不同的一个重要原因。例如，我国国土面积远小于俄罗斯，而我国的人口数量却远远大于俄罗斯，所以，我国的资源相对紧缺，是世界上主要资源的进口国，而俄罗斯的资源十分充裕，是世界上主要资源的出口大国。

世界的矿产资源潜力较大，而发展中国家胜于发达国家

由于各个国家的发展阶段和工业化进程的差异性，世界上各国对于其国内的资源利用程度是不同的；加之其所在地区地质条件和开发能力的差异性，造成了世界的矿产资源的潜在资源量巨大，而发展中国家的资源开发程度多低于发达国家。因此，发展中国家的资源潜力较大，是今后全球资源竞相开发的主要地区。

世界著名矿田（山）荟萃

世界著名油田

世界石油的分布是极不平衡的，仅中东地区就占近七成，其余依次为美洲、非洲、俄罗斯和亚太地区。据新华网资料，全世界目前已发现并开发的油田共有41 000个，总石油储量1 368.7亿t，主要分布在160个大型盆地中。全世界可采储量超过6.85亿t的超巨型油田有42个，巨型油田（大于0.685亿t）328个。世界著名油田见表4-1。

——地学知识窗——

沈 括

沈括（1031～1095），字存中，号梦溪丈人，汉族，北宋钱塘（今浙江杭州）人，科学家、政治家。沈括一生专心致志于科学研究，在众多学科领域都有很深的造诣和卓越的成就，被誉为"中国整部科学史中最卓越的人物"，其名作《梦溪笔谈》内容丰富，集前代科学成就之大成，在世界文化史上有着重要的地位。该书中记载了石油的发现与应用，并准确地预见到"此物必将大兴于世"，这是世界上关于石油的最早文字记载。

表4-1　　　　　　　　　　　世界著名油田简表

油田名称	位　置	储　量
加瓦尔油田	位于沙特阿拉伯东部，首都利雅得以东约500 km处	探明储量达107.4亿t，年产量高达2.8亿t，占整个波斯湾地区的30%，为世界第一大油田
大布尔干油田	位于科威特东南部	探明储量99.1亿t，年产7 000万t左右
博利瓦尔油田	位于委内瑞拉东部，奥里诺科平原上	探明储量52亿t，年产达100万桶
萨法尼亚油田	位于沙特阿拉伯的东北部海域	探明储量33.2亿t
鲁迈拉油田	位于伊拉克南部	探明储量26亿t，年产量占伊拉克全国的60%
基尔库克油田	位于伊拉克北部	探明储量24.4亿t
罗马什金油田	位于俄罗斯的伏尔加-乌拉尔油区	储量达24亿t，年产1亿t左右，居俄罗斯的第二位
萨莫洛特尔油田	位于俄罗斯西西伯利亚油区，地处西西伯利亚中部	探明储量20.6亿t，年产1.4亿t左右
扎库姆油田	位于阿拉伯联合酋长国的中西部	探明储量15.9亿t，多数为自喷井
哈西梅萨乌德油田	位于阿尔及利亚东北部，撒哈拉沙漠的北端	油田中干井少，单产高

加瓦尔油田

沙特阿拉伯是世界上石油储量最大的国家，作为产油国，其单个国家就有可供应全球的充足备用储量。加瓦尔油田（图4-3）位于沙特阿拉伯东部，首都利雅得以东约500 km处。该油田面积为3 264 km²，是沙特阿拉伯于1948年在波斯湾盆地发现的迄今为止世界上最大的陆上油田。无论从储量还是生产量上衡量，加瓦尔油田都是世界上最大的油田，其探明储量达107.4亿t，年产量高达2.8亿t，占整个波斯湾地区的30%，为世界第一大油田。油井为自喷井，原油含蜡量少，多为轻质油，凝固点低于−20℃，便于运输。

到2005年，加瓦尔油田剩余可采储量为700亿桶（95.5亿t）。根据美国能源信息管理局计算，仅加瓦尔油田的储量就比其他7个国家共有的石油储量要高，因此，该油田在世界上的地位可见一斑。

世界著名天然气田

天然气是一种清洁高效能源，因其独有的特点，必将成为世界能源发展方式转变的重要桥梁和21世纪后半叶能源供应的重要来源，主要分布在俄罗斯、伊朗、卡塔尔、沙特阿拉伯、阿联酋、美国和土库曼斯坦等国。世界著名天然气田见表4-2。

▲ 图4-3　加瓦尔油田掠影

表4-2　　　　　　　　　　　　世界著名天然气田简表

顺序号	气田名称	所属国家	气储量（$10^8 m^3$）	所属含油气盆地	产层深度（m）
1	乌连戈伊	俄罗斯	80 550	西西伯利亚	1 200
2	杨堡	俄罗斯	47 563	西西伯利亚	1 000
3	博瓦涅科夫	俄罗斯	41 505	西西伯利亚	1 200
4	扎波利亚尔	俄罗斯	26 706	西西伯利亚	1 200
5	哈西鲁迈勒	阿尔及利亚	25 488	古达米斯	2 100
6	诺斯	卡塔尔	22 400	波斯湾	2 700
7	格罗宁根	荷兰	21 000	德国西北部	2 900
8	胡国顿	美国	19 682	阿纳达克	800
9	卡拉恰加纳克	哈萨克斯坦	16 000	滨里海	4 500
10	奥伦堡	俄罗斯	15 998	伏尔加-乌拉尔	1 600

乌连戈伊天然气田

世界陆上最大的气田——俄罗斯西西伯利亚盆地的乌连戈伊气田（图4-4），位于西西伯利亚平原西北部的普尔河岸，地处高纬度，近北极圈，又有"极地气田"之称。该气田发现于1966年，1975年开发，1978年投产，探明储量8.06万亿m^3，约占世界总储量的6%，有15

▲　图4-4　乌连戈伊天然气田

个砂岩气层，产层总厚176 m，平均孔隙度20%。

该气田产气层为白垩系砂岩和粉砂岩，气藏埋深1 100～3 100 m。储气构造为平缓对称的背斜圈闭，宽20～30 km，长180 km，圈团面积超过5 000 km²。原始可采储量为5.38万亿m³。1983年采气量已超过2 000亿m³，年产量居世界气田之首。采气量于1992年达顶峰，近4 200亿m³。截至1992年年底，累计产气3.5万亿m³。所产天然气主要供应独联体欧洲地区消费，还向捷克斯洛伐克、匈牙利、波兰、德国、法国和意大利等国大量出口。

世界著名铀矿区

目前，全球已探明铀储量为362.2万t，世界产铀矿较多的国家为哈萨克斯坦、加拿大、澳大利亚、尼日尔、纳米比亚、俄罗斯、乌兹别克斯坦、美国、中国、乌克兰等。世界上著名的铀矿山见表4-3。

表4-3　　　　　　　　　　　　　世界著名铀矿山简表

铀矿名称	所在国家	产量（tU）	生产方法
麦克阿瑟湖铀矿床　McArthur Lake	加拿大	4 273	常规
兰杰铀矿　Ranger	澳大利亚	3 658	常规
奥利匹克坝铀矿床　Olympic Dam	澳大利亚	3 465	伴生矿
拉比特湖铀矿床　Rabbit Lake	加拿大	2 810	常规
罗辛铀矿　Rossing	纳米比亚	2 772	常规
科拉斯诺卡门斯克铀矿床　Krasnokamensk	俄罗斯	2 618	常规
麦考林湖铀矿　McClean Lake	加拿大	2 310	常规
阿克拉铀矿　Akoula	尼日尔	1 925	常规
克拉夫湖铀矿　Cluff Lake	加拿大	1 194	常规
Zholtye Vody	乌克兰	1 194	常规

奥林匹克坝铀矿床

奥林匹克坝（图4-5）是巨大的铜-铀-金-银-稀土矿床，位于澳大利亚南部阿德莱德市以北约560 km处。该矿床大地构造位于高勒克拉通与阿德雷德地槽衔接部位的斯图尔陆棚区。含矿主岩为富赤

图4-5 奥林匹克坝铀矿床

铁矿角砾岩，其中分布有铜铀矿带和金矿带，前者已探明150个矿体。

在奥林匹克坝矿床的发现过程中，理论预测、卫星影像和物探资料综合分析均起到了大的作用。该矿床以铜为主，伴有铀、金、银、铁、稀土元素等。成矿主要发生于热液喷发及热液角砾岩形成阶段；铜最早形成，其次为铀，金形成

最晚。矿区内探明矿石储量20亿t，平均含铀0.051%、铜1.6%、金0.68%。由此计算矿床的金属储量分别是：铀100万t，铜3 200万t，金1 200 t。该矿床是一个铜-铀-金-铁-稀土元素综合矿床。

世界著名铁矿（区）

铁矿是世界上较为多见的矿床，主要分布在澳大利亚、巴西、俄罗斯、乌克兰、哈萨克斯坦、印度、美国、加拿大、南非等国。世界著名铁矿区见表4-4。其中，高品位矿在巴西、澳大利亚、印度等国分布较广，且大都具备露天开采条件，开采成本低、品味相对较高的特点使这些国家成为全球主要的铁矿石供应国。

表4-4   世界著名铁矿区简表

矿区名称	所属公司	储量资源量（亿t）
巴西东南部铁矿	巴西淡水河谷	28.761
澳大利亚哈默利斯铁矿	力拓	147.33
巴西北部铁矿	巴西淡水河谷	31.431
巴西南部铁矿	巴西淡水河谷、日本财团	42.1
澳大利亚纽曼铁矿	必和必拓、三井-伊藤忠铁业公司、伊藤忠株式会社	69.18
澳大利亚皮尔巴拉铁矿	福蒂斯丘金属集团（澳大利亚）	48.41
澳大利亚罗布河铁矿	力拓、三井物产株式会社、新日铁公司	33.49

（续表）

矿区名称	所属公司	储量资源量（亿t）
澳大利亚皮尔巴拉Area C铁矿	必和必拓、伊藤忠株式会社、三井铁矿集团	55.16
澳大利亚皮尔巴拉Yandi铁矿	必和必拓、伊藤忠株式会社、三井铁矿集团	44.8
南非赛申铁矿	昆巴铁矿公司、Exxaro资源公司	17.485

卡拉雅斯铁矿

卡拉雅斯铁矿（图4-6）是位于巴西亚马孙丛林的世界第一大铁矿，属淡水河谷公司所有。该矿的发现颇具戏剧性：1967年，一个由美国和巴西地质学家组成的勘探小组，乘直升机飞临这片林区上空，他们发现茂密的绿林丛中出现了一片低矮稀疏的灌木区，就像是一个谢顶的大脑袋。机载仪器也表明，地面磁场很强。地质学家惊喜地说道："难道有铁矿？下去看看！"当直升机降落在地面时，这批地质学家情不自禁地欢呼起来："嘿，这可是一个天然露天大铁矿！"经勘探，显示其铁矿石储量有72亿t之多，为人类奉献了名副其实的"铁元宝"。

该矿区的矿石品位很高，含铁量大

▲ 图4-6 卡拉雅斯铁矿掠影

49

多在66%以上，只要用1.5 t的矿石就可炼出1 t左右的铁（相比之下，中国铁矿石品位一般只有30%左右）。由于是露天铁矿，土层覆盖很浅，表层泥土被铲去后便露出铁矿石。采挖机将铁矿石剥离、采挖出来，装上卡车运走即可。如遇坚硬矿石，先用爆破方法将矿石炸碎，再用采挖机开采。矿石被层层剥离采挖后，中间部分逐层向地下深入。2000年以来，由于中国经济发展很快，对铁矿石需求量很大，卡拉雅斯铁矿也投入巨资，不断扩大生产能力，与中国经济密切联系在一起了。

——地学知识窗——

铁矿石

铁矿石类型多样（左图为赤铁矿、中图为褐铁矿、右图为磁铁矿），用于提取铁，可在钢铁工业、农业、日常生活等领域广泛应用。

世界著名金矿（区）

金矿是世界上十分重要的贵金属之一。世界的主要产金国有南非、俄罗斯、加拿大和美国。著名金产地有南非的威特沃特斯兰德、美国的加利福尼亚和阿拉斯加、澳大利亚的新南威尔士、加拿大的安大略、俄罗斯的乌拉尔和西伯利亚、中国的胶东地区等。世界著名金矿见表4-5。

表4-5 世界著名金矿简表

矿区名称	矿区位置	所属公司	年产黄金
格拉斯堡金铜矿	位于印尼巴布亚岛	麦克莫兰自由港铜金公司	64.54 t（2004年）
穆龙套金矿	距乌兹别克斯坦首都402 km	乌兹别克斯坦国有纳沃伊矿冶公司	约50 t
卡林-内华达康牌金矿	位于美国内华达州	新山矿业公司	约40 t
亚纳科查金矿	位于秘鲁北部	新山矿业公司和秘鲁布埃纳文图拉公司	约40.8 t
斯特赖克金矿	位于美国内华达州的埃尔克西北部	巴利克黄金公司	约34 t
科特斯金矿	位于美国内华达州埃尔克西南部	巴利克黄金公司	约30 t
费拉德洛金矿	位于阿根廷	巴利克黄金公司	约31 t
北拉古纳金矿	位于秘鲁中-北部	巴利克黄金公司	约22 t
利希尔金矿	位于巴布新几内亚	澳大利亚纽克雷斯特矿业公司	约21 t
卡尔古利金矿	位于澳大利亚西澳州	巴利克黄金公司、新山矿业公司	约22 t

南非兰德金矿

世界最大的金矿是南非的兰德金矿（图4-7、图4-8），位于南非东北部以约翰内斯堡市为中心的广大地区。该金矿发现于1866年，是世界上最大的金矿之一，至今已近150年历史，已开出黄金达3.5万余t，仍占全世界黄金总储量的52%。该矿1970年产金达到1 000 t（为历史最高年产量），以后一直保持年产650～700 t，均占世界黄金产量的一半。该矿含金品位之高也是世界罕见的，开采至今仍保持有7～20 g／t，平均10 g／t。该矿的储量和产量均居世界第一位，是名副其实的世界最大金矿。该矿床的开发为南非带来了巨额的财富。

图4-7　南非兰德金矿掠影

图4-8　南非兰德金矿现代化的井下巷道

世界著名铜矿（区）

铜矿是世界上较为重要的战略性矿产资源之一，分布较为局限。世界铜矿资源主要集中在智利、美国、赞比亚、独联体、秘鲁等国家，其中智利是世界上铜矿资源最丰富的国家。世界著名铜矿（区）见表4-6。

表4-6　　　　　　　　　世界著名铜矿（区）简表

排名	铜矿名称	所在国家	产能（万t）	主要拥有者
1	埃斯康迪达铜矿 Escondida	智利	105	必和必拓
2	格拉斯堡金铜矿 Grasberg	印尼	79	美国自由港麦克默伦铜金矿公司
3	科亚瓦西铜矿 Collahuasi	智利	52	英美资源集团/嘉能可
4	劳斯布隆内斯铜矿 Los Bronces	智利	49	英美资源集团
5	Codelco Norte	智利	45	智利国家铜业公司
6	安塔米纳铜矿 Antamina	秘鲁	45	必和必拓/嘉能可/Teck
7	莫伦西铜矿 Morenci	美国	45	美国自由港麦克默伦铜金矿公司

（续表）

排名	铜矿名称	所在国家	产能（万t）	主要拥有者
8	厄尔特尼恩特 El Teniente	智利	44.3	智利国家铜业公司
9	泰米尔半岛 Taimyr Peninsula	俄罗斯	43	诺里尔斯克镍业公司
10	洛斯佩兰布雷斯铜矿 Los Pelambres	智利	40	安托法加斯塔公司

埃斯康迪达铜矿

智利的斑岩型铜矿闻名全球。埃斯康迪达铜矿（Escondida Mine，图4-9）距智利西海岸安托法加斯塔（Antofagasta）东南170 km，位于智利北部的阿塔卡马沙漠，海拔2 987 m。埃斯康迪达铜矿于20世纪80年代末开发，1990年开始采矿，其初年生产能力为32万t，到2005年铜产量已达127万t，占全球产量的7%～8%。2007年产铜150万t，占全球铜产量近1/10，年产量在全世界的铜矿中位居第一。必和必拓公司持有埃斯康迪达铜矿57.5%的控制性股份。

埃斯康迪达属于超大型斑岩型铜-金-银矿床。矿床长约4.5 km，宽2.5 km，深度超过600 m。矿床风化后，在内生矿化的上部形成高品位的次生矿带，下部为原生矿体，主要有次生淋滤的孔雀石和硫化物两类矿石。埃斯康迪达铜矿是当今世界上最大的铜矿床。

世界著名金刚石（区）

金刚石矿产资源的地理分布不平衡，世界上至少有35个国家或地区发现了天然金刚石资源，主要集中在南非、俄罗斯、博茨瓦纳、民主刚果和澳大利亚等国。因此，金刚石具有局部资源不配套，国家或地区间贫富悬殊的特点。

20世纪90年代以来，俄罗斯、加拿

▲ 图4-9　埃斯康迪达铜矿开采现场

——地学知识窗——

世界名钻

举世闻名的世界十大名钻，可谓价值连城，光芒耀眼，摄人心魄。例如非洲之星钻石、光之山钻石、艾克沙修钻石、大莫卧儿钻石、神像之眼钻石、摄政王钻石、奥尔洛夫钻石、蓝色希望钻石、仙希钻石、泰勒·伯顿钻石等。

图4-10 南非普列米尔金刚石矿

大、澳大利亚、巴西、委内瑞拉和非洲的许多国家探明了一批金刚石资源远景区，相继发现了一批含金刚石金伯利岩筒，具有一定的工业价值。

普列米尔金刚石矿

世界著名的超大型金刚石矿床，南非最大的金伯利岩岩管。位于比勒陀利亚市东北33 km处。1903年以来，普列米尔金刚石矿（图4-10）的开采从未间断，已采出的金刚石超过1.2亿Ct，以产出3 106 Ct的浅蓝色名贵巨钻库利南（Cullinan）和599 Ct的百年钻而闻名于世。

南非的普列米尔金刚石矿山以出产巨型钻石而闻名，早在1905年，这个著名的金刚石矿就曾出产过世界上著名的超级巨钻库利南钻石：这是一颗重达3 106.75 Ct的钻石，被认为是世界上最大的钻石，有"非洲之星"之称（图4-11）。

图4-11 "非洲之星"（3 106.75 Ct）

这颗新发现的钻石尽管没有此前的"非洲之星"耀眼，但是因为其在钻石中属于最高级别D级，因此也是价值连城。目前，已经有证券公司的分析师对这颗钻石进行了估价，称这颗钻石至少值1 000万英镑。

世界著名盐矿区

世界石盐矿床划分为三大成盐区域：欧亚大陆和非洲北部成盐区、北美洲成盐区和南半球大陆成盐区。大量的岩盐还用于食品加工工业。世界著名盐湖见表4-7。

表4-7　　　　　　　　　　　世界著名盐湖简介

盐湖名称	盐湖简介
乌龙尼盐湖	位于玻利维亚西南部的乌尤尼小镇附近，是世界最大的盐沼，东西长约250 km，南北宽约100 km，面积达10 582 km²，盛产岩盐和石膏
博纳维尔盐滩	占地约52 000 km²，包含美国今犹他州之大部分、内华达州和爱达荷州之一部分
埃托沙盐湖	是喀拉哈里沙漠中一片广大的内流盐湖，位处于纳米比亚北部
察尔汗盐湖	察尔汗盐湖位于青海省格尔木市，是中国最大的盐湖，也是世界上最著名的内陆盐湖之一
萨利纳斯兰德斯湖	在阿根廷北部，大盐池占地面积6 000 km²，是一个浅水盐湖
维利奇卡盐矿	位于波兰克拉科夫附近，傍喀尔巴阡山
马卡迪卡迪盐湖	位于博茨瓦纳东北部，是世界上最大的盐沼之一
阿里萨罗盐沼	坐落在安第斯山脉，阿根廷西北部、智利边境附近
阿塔卡马盐湖	在智利阿塔卡马，是智利最大的盐场，覆盖3 000 km²的土地
克乌拉盐矿	距巴基斯坦首都伊斯兰堡约161 km，面积达4×10⁴ m²，是巴基斯坦最大、最古老的盐矿

维利奇卡盐矿

维利奇卡盐矿（图4-12）位于波兰克拉科夫附近，傍喀尔巴阡山，是一个从13世纪起就开采的盐矿，是欧洲最古老的盐矿之一。该矿里面有着许多艺术品、祭坛，还有用盐雕刻的塑像。维利奇卡盐矿是中世纪劳动艺术的结晶。从14世纪起，维利奇卡盐矿成为采矿业城市之一；

图4-12　维利奇卡盐矿岩洞

15～16世纪是鼎盛时期；18～19世纪盐矿开始扩建，成为波兰著名的盐都。1976年被列为波兰国家级古迹。1978年，联合国教科文组织将维利奇卡古盐矿博物馆列为"0"级（最高级）世界文化遗产。该盐矿床长4 km，宽1.5 km，厚300～400 m，巷道全长约300 km。迄今已开采了9层，深度为327 m，共采盐2 000万m³。

维利奇卡盐矿是波兰国家的瑰宝，是欧洲最古老且仍在开采的一座富盐矿。

如今1～3层已完全停止采盐，开辟为古盐矿博物馆，供游人参观。在这里，艺术天赋极高的矿工们和艺术家合作，巧妙地利用大小不同的空间，凿出一座座风格迥异的建筑，雕塑出栩栩如生的人物，把美丽的神话传说和故事呈现在游人面前。联合国教科文组织肯定和称赞其岩盐雕刻和辉煌的矿山艺术工程"在全世界都是非凡的"。

中国矿产资源谈

中国矿产资源丰富、分布广泛、种类繁多

国内矿产资源储量巨大、地域不均，潜力巨大

国内矿产资源丰歉有别、人均占有量低、大宗性资源短缺

中国在地理上位于亚洲东部，太平洋西岸，陆地面积约960万km²，内海和边海的水域面积约470万km²，是一个地域大国，也是一个矿产资源大国，矿产种类十分丰富；同时，由于我国是世界上人口最多的国家，是一个十分庞大的消费大国，所以，也属于人均资源相对贫乏的国家。

中国矿产资源概况

中国已发现矿产168种，其中探明储量的有151种。在已发现的矿产中，有能源矿产7种，金属矿产54种，非金属矿产104种，水气矿产3种。中国有30多种矿产的探明储量居世界前列，其中，居世界首位的有钨、锡、铋、锑、钒、钛等十余种；居世界前5位的有铁、煤、铅、锌、汞等20余种。可以说，中国是世界上矿产品种齐全配套的少数几个国家之一。

矿产资源的空间分布

中国地处亚欧板块的东部，东与太平洋板块相碰撞，西南与印度洋板块相碰撞，具有较好的成矿条件。中国矿产资源的重要特点是产地分布面广，储量区域集中。在全国已发现的20多万处矿床、矿点中，主要矿种的矿床、矿点遍布全国，但各种矿产的探明储量相对集中（分布范围见图5-1，图5-2）。

我国除上海地区未发现煤矿以外，国内其他地区均有发现，而探明储量的92%集中在12个省（市、自治区），其中山西、内蒙古、陕西三省（自治区）占64%；铁矿在全国28个省（市、自治区）都有数量不等的探明储量，而80%的储量集中在10个省（自治区），其中辽宁、河北、四川三省拥有总储量的一半；铜矿分布在全国29个省（市、自治区），而探明储量的75%集中在江西、西藏、甘肃、山西、黑龙江、安徽等9个省（自治区）；磷矿也大体如此，全国26个省（市、自治区）探明有储量，而77%的储量集中在云

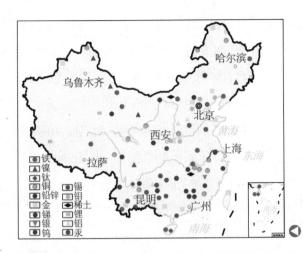

◀ 图5-1 中国主要金属矿产分布

石油
· 主要分布在塔里木、鄂尔多斯、松辽、渤海湾、四川、准噶尔

铁矿
· 主要分布在辽宁、河北、安徽、四川、山西、云南、内蒙古

煤矿
· 主要分布在山西、内蒙古、河南、陕西、山东、贵州

铜矿
· 主要分布在黑龙江、内蒙古、辽宁、安徽、江西、湖北

铝矿
· 主要分布在山西、广西、贵州、河南

铅锌矿
· 主要分布在云南、广东、内蒙古、甘肃、湖南、江西

镍矿
· 主要分布在甘肃、新疆、云南、四川

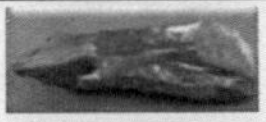

钨矿
· 主要分布在湖南、江西、河南、广东、广西

锑矿
· 主要分布在广西、湖南、云南、贵州、甘肃、广东

金矿
· 主要分布在山东、江西、甘肃、黑龙江、四川、陕西

金刚石
· 主要分布在辽宁、山东、湖南、江苏

盐矿
· 主要分布在内蒙古、青海、新疆、河南、四川、湖北、湖南

▲ 图5-2 全国主要矿产分布情况（赵洋等，2011）

南、贵州、四川、湖北、湖南5个省的境内。不同矿产在不同的地区相对集中，有利于建设规模集中的矿业基地。

矿产资源的成矿时间

在大地构造位置上，中国处于欧亚板块的东南部，地层发育齐全，沉积类型多样，地质构造复杂，岩浆活动频繁，由此形成了丰富的矿产资源。中国成矿期是全球成矿期的重要组成部分之一，同时又具有鲜明的特点，在每个不同的成矿时期和地质环境中，产出有不同类型的矿产；在漫长的地质历史时期，对已形成的矿床进行了不同程度的改造。从太古代到新生代共划分8个成矿期（表5-1）。

表5-1 我国的主要成矿期和主要矿种（翟裕生等，2004）

成矿期		时间（Ma）	主要成矿地区和矿种
太古宙		3 800~2 500	主要矿床为Fe（鞍山式）、Cu、Zn、Au、P、滑石、石墨、白云母等
古元古代		2 500~1 800	形成了与火山岩有关的Cu、Zn矿床和B矿；与沉积岩有关的SEDEX型矿床（Pb-Zn等）；与蒸发岩有关的菱镁矿矿床；其他沉积变质型铁矿等
中-新元古代		1 800~541	华北地台白云鄂博稀土矿-铁矿；狼山群中的Cu-Pb-Zn-Fe-S矿床；龙首山岩浆型Cu-Ni矿床，冀北的斜长岩有关的Fe-V-Ti-P矿床，华南区的P矿床等
古生代	加里东期	541~416	湘潭式锰矿等的V-Mo-Ni矿床，白银厂铜多金属矿，锡铁山Pb-Zn-Cu矿，白乃庙Cu-Au矿等
	海西期	416~252.17	天山-兴蒙构造成矿带Cu、Au、Pb、Zn、Fe等矿床；扬子板块康滇及黔西V、Ti、Fe、Cu等矿床，南秦岭和华南广大地区SEDEX型Pb-Zn和Sn矿床等。华北山西式铁矿和巩义市铝土矿，华南宁乡式铁矿和遵义锰矿等
中生代	印支期	252.17~199.6	Fe、Cu、Ni、Pb、Zn、稀有金属、云母、石棉等；盆地中形成了煤、石油、天然气和盐类矿床等
	燕山期	199.6~65.5	中国东部的重要内生成矿期：W、Sn、Mo、Be、Cu、Pb、Zn、Au、Ag、萤石、沸石、明矾石等。塔里木、柴达木等盆地中有丰富的油、气、硼盐、钾盐资源等
新生代	喜马拉雅期	65.5~	蛇绿岩套铬铁矿床，冈底斯区和玉龙区的斑岩铜（金）矿床。陆相断陷盆地中的Pb、Zn、Ag矿床和构造混杂岩带有关的Au矿床等。古近纪的煤、石油和天然气等

中国的大地构造较为特殊，由许多小陆块所拼合而成，其成矿特征多取决于中国大陆的地质历史时期的分合聚散、复杂内部结构和处于特殊的板块会合的环境（翟裕生，2004）。中国区域成矿的主要特征是古陆边缘矿床集中、多重成矿作用发育、叠加和改造成矿显著、热液矿床丰富多彩、有机和无机成矿的复合、矿床形成后变化与保存条件复杂（翟裕生，2003）。鉴于我国区域矿产时空分布具有一定的特殊性，在面临资源紧张的情况下，就赋予了深部找矿更多的挑战性。

——地学知识窗——

鞍山式铁矿床

鞍山式铁矿床是大型铁矿床类型之一，为形成于前寒武纪海相火山-沉积变质中的铁矿床。我国该类型著名矿床见于辽宁鞍山、本溪等地；山东沂源韩旺、鲁南苍峄铁矿亦为该类型矿床。

中国矿产资源特点

中国矿产资源与世界其他国家相比，既有许多资源优势，同时又存在劣势。总体而言，我国的矿产资源的基本特点有以下几个方面：

各类矿产丰歉有别

中国部分矿产探明储量较为丰富，有的则明显不足。例如，中国能源矿产资源比较丰富，但结构不太理想，煤炭资源比重偏大，石油、天然气资源相对较少，此外，稀土、钨、钼、锑等小品种资源和石墨、重晶石等非金属矿产比较丰富，世界排名第一。据已有地质资料，既能保证国内需要又可出口的矿产有煤、稀土、钨、钼、锡、锑、汞、钒、钛、菱镁矿、重晶石、萤石、石墨、滑石、建筑装饰石料等20余种。但有另一些矿产，如石油、富铁矿、锰矿、铜矿、铬铁矿、钾盐、金刚石、铂族金属等，探明储量明显不足，属劣势矿产。我国石油、天然气、铁、铜、铝、镍等大宗矿产资源禀赋性不佳，由此可见，我国主要需求的大宗性矿产资源依赖进口。

矿产分布不均衡，影响产业协调发展

由于矿产分布的不均匀性，矿产资源的开发也呈区域性聚集。例如我国煤炭主要分布在长江以北，在华北地区就占总储量的70%；黑色金属主要也集中于长江以北地区；有色金属储量的绝大部分集中在长江以南，其中主要分布于广东、广西、云南、湖南及江西等省区；80%以上的磷矿主要分布于滇、黔、鄂、川、湘5省（张进德等，2013），这极大地影响了产业升级和协调发展。

矿产资源总量丰富，但人均占有量少

由于我国人口数量多，人均占有资源量仅为世界人均占有资源量的58%，居世界第53位。有些重要矿产资源人均占有量大大低于世界人均占有量，如石油资源占有量仅为全球的7.7%。我国人均拥有石油、铁矿资源量仅为世界人均量的1/3，这是我国社会发展和经济建设的重要制约因素。

矿产贫多富少，单矿种矿少，伴生矿多

中国有一批富矿，如南岭地区的钨矿、海南的石碌铁矿、湖北的大冶铁矿、内蒙古的稀土矿、辽宁的菱镁矿、山东的石墨矿、新疆的阿舍勒铜矿等。但是，一些关系到国计民生和用量大的支柱性矿产，如铁、锰、铝土、铜、铅、锌、硫、磷等，则贫矿多、富矿少，单矿种矿少，伴生矿多，在开发过程中，极大地增加了成本，在一定程度上影响了开发利用效益。

大型矿床少，中小型居多

我国有一批大矿，如内蒙古白云鄂博稀土矿，湖南柿竹园钨矿和锡矿山锑矿，广西大厂锡矿等矿床都是世界级的矿床。山西省的成煤地质条件优越，煤矿储量巨大，陕西省与内蒙古自治区交界地区的煤矿也是世界特大型煤矿之一，因此，中国有一批世界级规模的大矿。但与世界其他资源大国相比，中国中型矿和小型矿偏多，大型矿床偏少。

各种矿产潜力较大

国内虽然已经发现了众多的矿床，由于矿产勘查程度相对较低，仍有大量矿产有待进一步发现。据近年来中国地质调

查局开展的全国矿产资源潜力预测数据显示，由于勘查程度的地区差异，中国西部地区矿产资源有较大的远景，东部的隐伏矿也有一定的资源潜力，因此，随着经济的发展和科技水平的提高，我国各种矿产均有相当大的潜力。

中国著名矿田（山）撷英

中国的矿产资源在世界占有重要地位，大型、特大型矿床举不胜举，且拥有众多世界级矿床和矿集区，如大庆油田、大同煤矿、攀枝花铁矿、白云鄂博稀土矿、胶东金矿、德兴铜矿等。

中国著名油田

我国石油资源集中分布在渤海湾、松辽、塔里木、鄂尔多斯、准噶尔、珠江口、柴达木和东海陆架八大盆地。中国到目前发现了许多油田，如大庆油田、中原油田、大港油田、胜利油田、长庆油田、辽河油田等。中国著名油田见表5-2。这些油田的开采极大地促进了国民经济的快速发展。

表5-2　　　　　　　　　　中国著名油田简介

油气田/生产企业	总部位置	大致勘查范围	2014年产量（万t）
大庆油田	黑龙江省大庆市	黑龙江省西部，松嫩平原中部	4 000
胜利油田	山东省东营市	东营、滨州、德州、济南、潍坊、淄博、聊城、烟台	2 776.2
长庆油田	陕西省西安市	陕甘宁盆地	2 431.9
渤海油田	天津市塘沽区	渤海海域	2 574.16

油气田/生产企业	总部位置	大致勘查范围	2014年产量（万t）
延长油田	陕西省延安市	鄂尔多斯、二连、海拉尔、松辽、河套、羌塘、南襄、洞庭湖等多个盆地	1 254.4
新疆油田	新疆克拉玛依市	新疆准噶尔盆地	1 160
辽河油田	辽宁省盘锦市	辽河中下游平原以及内蒙古东部和辽东湾滩海地区	1 001
中国石化西北分公司	新疆乌鲁木齐市	塔里木盆地	737
塔里木油田	新疆库尔勒市	新疆南部的塔里木盆地、塔克拉玛干大沙漠	590.4
吉林油田	吉林省松原市	吉林省扶余地区	527

大庆油田

大庆油田位于中国黑龙江省大庆市，发现于1959年9月26日，而后发展成为中国最大的油田（图5-3），也是世界级特大砂岩油田。

大庆油田自1960年开发建设，至2007年，累计探明石油地质储量56.7亿t，累计生产原油18.21亿t，占同期全国陆上石油总产量的47%，实现连续27年稳产5 000万t以上，连续12年稳产4 000万t以上，已累计生产原油21多亿t，被誉为"世界石油开发史的奇迹"。

中国著名煤矿区

中国煤炭资源丰富、成煤期次多、含煤地层分布广泛、煤类品种齐全，且煤炭中共伴生的矿产资源较为丰富。我国的煤矿主要分布在山西、内蒙古、陕西、新疆等省（区），其次是贵州、宁夏、安徽、云南、河南、山东、黑龙江等省（区）。中国著名煤田基地详见表5-3。

图5-3　大庆油田采油区

——地学知识窗——

王进喜

甘肃玉门人，中国石油工人的代表，中国工人阶级的先锋战士，中国共产党党员的优秀楷模，中华民族的英雄。他为祖国石油工业的发展和社会主义建设立下了功勋，在创造了巨大的物质财富的同时，还给我们留下了宝贵的精神财富——铁人精神。

他的"为国分忧，为民族争气"，"宁可少活20年，拼命也要拿下大庆油田"，"有条件要上，没有条件创造条件也要上"，"干工作要经得起子孙万代检查"的忘我工作、无私奉献的高贵品格和拼搏精神至今仍激励着我们奋勇前进。

表5-3　　　　　　　　　　中国著名煤田基地简表

煤田基地	主要煤矿产地简介
神东基地	神东、万利、准噶尔、包头、乌海、府谷矿区
陕北基地	榆神、榆横矿区
黄陇基地	彬长（含永陇）、黄陵、旬耀、铜川、蒲白、澄合、韩城、华亭矿区
晋北基地	大同、平朔、朔南、轩岗、河保偏、岚县矿区
晋中基地	西山、东山、汾西、霍州、离柳、乡宁、霍东、石隰矿区
晋东基地	晋城、潞安、阳泉、武夏矿区
蒙东（东北）基地	扎赉诺尔、宝日希勒、伊敏、大雁、霍林河、平庄、白音华、胜利、阜新、铁法、沈阳、抚顺、鸡西、七台河、双鸭山、鹤岗矿区
两淮基地	淮南、淮北矿区
鲁西基地	兖州、济宁、新汶、枣滕、龙口、淄博、肥城、巨野、黄河北矿区
河南基地	鹤壁、焦作、义马、郑州、平顶山、永夏矿区

（续表）

煤田基地	主要煤矿产地简介
冀中基地	峰峰、邯郸、邢台、井陉、开滦、蔚县、宣化下花园、张家口北部、平原大型煤田
云贵基地	盘县、普兴、水城、六枝、织纳、黔北、老厂、小龙潭、昭通、镇雄、恩洪、筠连、古叙矿区
宁东基地	石嘴山、石炭笋、灵武、鸳鸯湖、横城、韦州、马家滩；积家井、萌城矿区

大同煤矿

大同煤矿（图5-4）位于山西省北部，是我国重要的煤产地之一，储量大，可采煤层多，平均厚度30～40 m，是全国最大的优质动力煤供应基地。该区煤炭具有灰分低，硫、磷杂质少，发热量高，且煤层稳定，易于开采的特点，是国内最大的优质动力煤供应基地。大同地区煤炭开发利用时代久远，根据煤田的煤层露头较多，且又长期自燃的史实，推断古人可能在新石器时期发现了煤炭的可燃性，并从煤层露头处拾取、利用煤炭。

在全球资源供应多元化的今天，煤矿一直在我国能源体系中发挥着中流砥柱的作用。大同煤矿的开发利用对地区经济、全国发展以及世界进步均具有十分重要的意义。

中国著名铁矿

我国铁矿资源具有分布广泛，矿床类型齐全，贫矿多、富矿少，矿石类型复杂，伴（共）生组分多等特点。按照全国铁矿产地集中程度，中国可以划出十大矿区（表5-4），如鞍山-本溪铁矿区、冀东-北京密云铁矿区、攀枝花-西昌铁矿区等，其查明资源总量约占全国的64.8%。

▲ 图5-4 大同煤矿掠影

表5-4   中国十大铁矿区简介

铁矿区名称	铁矿类型	分布地区	在全国的大致比重
鞍山-本溪铁矿区	沉积变质型铁矿	辽宁鞍山、本溪和辽阳3市	23.5%
冀东-北京密云铁矿区	沉积变质型铁矿	河北迁安、迁西、遵化、宽城、青龙、滦县、抚宁和北京密云、怀柔	11.8%
攀枝花-西昌铁矿区	岩浆型钒钛磁铁矿，次为接触交代-热液型、沉积变质型铁矿	攀枝花市和西昌地区的米易、德昌、会理、会东、盐边、盐源、冕宁和喜德等县	11.5%
五台-吕梁铁矿区	沉积变质型铁矿	山西五台、繁峙、代县、原平、灵丘、岚县、娄烦等县	6.2%
宁芜-庐枞铁矿区	玢岩式火山-次火山岩型铁矿床、次为接触交代-热液型	江苏南京、江宁、六合和安徽马鞍山、繁昌、当涂、庐江、和县以及铜陵县	4.12%
包头-白云鄂博铁矿区	含铁大型共生矿床	内蒙古包头地区	2.2%
鲁中铁矿区	接触交代型铁矿	济南、淄博、莱芜等地	1.74%
邯郸-邢台铁矿区	接触交代型铁矿	宣化、迁安、邯郸、邢台地区的武安、矿山村等地	1.6%
鄂东铁矿区	接触交代型铁矿、热液型铁矿	湖北黄石、鄂州、大冶、黄冈	1.34%
海南铁矿区	沉积变质型铁矿	海南昌江、三亚等地	0.8%

△ 图5-5 攀枝花铁矿鸟瞰

攀枝花钒钛磁铁矿

攀枝花钒钛磁铁矿（图5-5）位于四川省西南边陲，是一座因铁矿而建的城市。该区探明储量的钒钛磁铁矿达近百亿吨，其中，钒、钛储量分别占全国已探明储量的87%和94.3%，分别居世界第三位和第一位，有"世界钒钛之都"之称。矿石中还伴生有铬、钪、钴、镍、镓等多种有用矿物。

现攀枝花已成为我国西南地区最大的铁矿石原料基地和全国最大的钛原料基地，是全国四大铁矿区之一。攀枝花市和西昌地区的米易、德昌、会理、会东、盐边、盐源、冕宁和喜德等县，主要为岩浆型的钒钛磁铁矿矿床，其次有接触交代-热液型和沉积型铁矿床。有大、中、小型矿床66处，其中大型13处。

中国著名金矿区

中国金矿资源丰富，分布广泛，除上海市、香港特别行政区外，在全国各个省份均有产出，已探明储量的矿区有1 200余处。已探明的金矿储量相对集中分布于我国的东部和中部地区，其中，山东、河南、陕西、河北4省金矿保有储量最大。国内金矿种类主要有岩金矿、砂金和伴生金矿，这三个类型金矿在国内储量的排名如下：岩金矿（山东、甘肃、河南、内蒙古、贵州、陕西、云南、吉林、广西、河北）；砂金（黑龙江、四川、甘肃、江西、青海、吉林、湖南、陕西、西藏、广东）；伴生金矿（江西、安徽、云南、黑龙江、湖北、甘肃、青海、湖南、内蒙古）。2013年中国著名金矿山排名见表5-5。

表5-5　　　　　　　　　　中国金矿山排序表（2013年）

序号	矿山排名/单位名称	2013年矿产金产量合计（kg）	所在地
1	紫金山金铜矿/紫金矿业集团股份有限公司	11 741.57	福建
2	焦家金矿/山东黄金矿业股份有限公司	7 099.01	山东
3	三山岛金矿/山东黄金矿业股份有限公司	7 038.24	山东
4	烂泥沟金矿/贵州锦丰矿业	5 301.30	贵州
5	北衙金矿/鹤庆北衙矿业	4 896.13	云南
6	新城金矿/山东黄金矿业股份有限公司	4 474.56	山东
7	浩尧尔忽洞金矿/内蒙古太平矿业有限责任公司	4 305.26	内蒙古
8	夏甸金矿/招金矿业股份有限公司	4 063.00	山东
9	玲珑金矿/山东黄金矿业股份有限公司	3 599.63	山东
10	苏尼特金曦黄金矿业有限公司	3 361.31	内蒙古

紫金山金铜矿

位于福建闽西上杭县北14.6 km处的紫金山是中国特大型金铜矿山，矿田范围40 km^2，由紫金山、中寮、龙江亭等矿区及二庙沟、新屋下等矿化异常点组成。紫金山金铜矿累计探明的金属资源已达305 t，铜金属量300万t以上，主要产品有矿产金、矿产阴极铜、铜精矿、硫精矿。该矿床目前由紫金矿业公司对上部金矿进行大规模露天开采，成为全国最大规模的金矿露天采矿场（图5-6）。

紫金山铜金矿是全球2000强企

🔺 图5-6　中国福建紫金山金矿床

业——紫金矿业集团股份有限公司的核心企业和主要利润中心，矿山的发展给上杭当地带来了良好的经济和社会效益，该矿在支持当地经济建设、科教文卫、社会慈善、带动就业、带动发展等方面均有有益的贡献。紫金山铜金矿床的发现与成功的勘查，不仅给我国沿海地区发展有色金属工业提供了大型铜矿资源基地，而且也给在陆相火山岩地区寻找、勘查大型铜金矿开阔了新思路，提供了新经验，意义十分重大。

中国著名稀土矿区

中国稀土矿产资源十分丰富，素有"稀土王国"之称，总保有储量TR_2O_3约9 000万t，位居世界第一位。稀土矿在我国华北、东北、华东、中南、西南、西北等六大区均有分布，全国探明储量的矿区有60余处，南方以重稀土为主，北方以轻稀土为主。主要有内蒙古白云鄂博稀土矿、山东微山稀土矿、四川冕宁稀土矿、江西风化壳淋积型稀土矿、湖南褐钇铌矿和漫长海岸线上的海滨砂矿等，其中在华北区的白云鄂博铁－铌、稀土矿区，其稀土储量占全国稀土总储量的90%以上，是中国轻稀土主要生产基地。

白云鄂博稀土矿

白云鄂博矿床（图5-7）位于内蒙古自治区包头以北约123 km处，是世界特大型铌、稀土、磁铁复合矿床，超大型稀土矿床与铁矿床共生。含矿带主要分布于华北地台北缘中元古代白云鄂博群的碳酸盐岩层中，在片岩和各种混合岩中也有矿化现象。

▲ 图5-7 白云鄂博鸟瞰

该矿区分主矿、东矿和西矿；稀土矿主要赋存于主矿、东矿，其东西长16 km，南北宽3 km，稀土型铁矿矿体一般呈透镜状、似层状，少数呈脉状，铁矿体顶底板白云岩、脉岩也富含稀土金属，已达开采品位，可构成稀土矿体，与围岩常为渐变关系。矿石中矿物种类多达160种，全区累计探明稀土氧化物储量基础4 300万t，资源量近1亿t。稀土氧化物年产量达10万t，是世界稀土矿物的重要产地。

中国著名锡矿

中国是世界上锡矿资源丰富的国家之一。主要集中在云南、广西、广东、湖南、内蒙古、江西6个省份，锡矿储量呈高度集中的特点，如云南又主要集中在个旧地区，广西集中在大厂地区，个旧和大厂两个地区的储量就占了全国总储量的40%左右。探明矿产地293处，总保有锡储量407万吨，居世界第二位。

个旧锡矿

个旧地处我国西南边陲，位于云南东南有色金属成矿带西端，哈尼人之意为"银色的山谷"。个旧拥有中国最大的锡矿，属特大型锡多金属矿床，是世界著名的锡矿带之一。因该区锡矿开发历史悠久（2 000多年）、储量丰富、冶炼技术先进、精锡纯度高而闻名国内外，享有"锡都"美誉（图5-8）。

图5-8　个旧采风

新中国成立后，个旧锡矿累计生产有色金属192万t，其中锡92万t，约占全国锡产量的70%以上，也是大型铜矿、铅锌矿产地，是全国最大的锡现代化生产加工基地。现已形成采、选、炼生产体系，除生产锡以外，还冶炼铜、铅、镍、钴等。个旧已成为我国目前最大的以产锡为主的有色金属联合生产基地。个旧的锡产量占全国的70%左右。一个城市的产品能在国际同类产品中占举足轻重的地位，为世界各国所罕见。

中国著名铜矿

中国的铜矿属于较紧缺性的矿种之一，国内主要分布在江西、云南、湖北、西藏、甘肃、安徽、山西、黑龙江等省。国内已经发现了如西藏玉龙铜矿、新疆东天山铜矿、江西德兴铜矿、安徽铜陵铜矿、山西中条山铜矿；此外，还有甘肃白银厂铜矿、云南东川铜矿等多个铜矿；形成了以矿山为主体的七大铜业生产基地，即江西铜基地、云南铜基地、白银铜基地、东北铜基地、铜陵铜基地、大冶铜基地和中条山铜基地，是我国铜矿的主要产区。

德兴铜矿

德兴铜矿位于江西省德兴市境内，

总面积约37 km²。德兴铜矿（图5-9）是江西铜业集团公司的主干矿山，是中国第一大露天铜矿，也是一个世界级的大型铜矿。

图5-9　德兴铜矿鸟瞰

据记载，早在唐宋年间，德兴矿区就有采铜的历史。1956年开始普查勘探，发现有两个大型斑岩铜矿区，并伴生有钼、硫、金、银等元素。1958年5月成立德兴铜矿，1965年建成北山矿，地下开采；1971年建成南山矿，露天开采。德兴铜矿现有铜厂、富家坞、朱砂红3个矿床，已探明铜矿石储量16.3亿t，现保有矿石储量为13.2亿t，铜金属量500万t。该矿藏特点是储量大而集中，埋藏浅，剥采比小，矿石可选性好，综合利用元素多，伴有大量的金、银、钼、硫、铼等稀有金属。

中国著名钨矿

中国钨矿资源极为丰富，著称世界，不仅储量居世界第一，而且产量和出口量长期以来也居世界第一，因而被称誉为"世界三个第一"。我国的钨矿大体上分布于南岭山地两侧的粤东沿海一带，尤其是以赣南为最多，储量约占全世界的1/2以上。此外，江西大余、湖南汝城、资兴、茶陵等地，以及广西和云南等省也都产有钨矿产出。

大湖塘钨矿

赣南是中国钨业的发祥地，号称"世界钨都"，占全国同类矿的70%，世界的60%。大湖塘钨矿（图5-10）位于江西省九江市武宁县大湖塘地区，地质队仅用18个月的时间，就在大湖塘地区探明106万t钨储量，世界最大钨矿由此在中国诞生。

大湖塘钨矿可分为南区钨矿和北

图5-10　大湖塘钨矿剪影

区钨矿，矿区坐落于赣北最高的九岭山脉，地处九江市武宁县、修水县与宜春市靖安县交界地带。南区钨矿位于武宁县城南西方向38.5 km处，北区钨矿位于武宁县城南西方向43.5 km处。区内最高海拔1 794 m，平均海拔1 480 m。据江西省地矿局的相关资料显示，大湖塘钨矿探明储量达106万t，估算经济价值超过1 500亿元。

中国著名铅锌矿

我国铅锌矿资源丰富，分布广泛，是我国优势矿产资源，居世界第二位。但查明资源储量相对集中，主要集中于云南、内蒙古、甘肃、广东、湖南、广西等6个省区，铅锌矿以中小型矿床居多，大型、超大型矿床稀少。由于巨大的消费需求，国内铅锌矿产资源形势不容乐观。

兰坪铅锌矿

云南省兰坪铅锌矿位于兰坪县城西北18 km处凤凰山矿脉上，已探明铅锌金属储量1 500多万t，铅锌合计品位达9.44%，矿床规模为特大型，是中国最大的铅锌矿（图5-11），也是亚洲最大、全球第四大的铅锌矿。

兰坪地处横断山脉纵谷地带，矿藏资源得天独厚，在云南有着"有色金属王

——地学知识窗——

钨的用途

钨是一种耐热金属，钨及其合金是现代工业、国防及高新技术应用中的极为重要的功能材料之一，广泛应用于航天、原子能、船舶、汽车工业、电气工业、电子工业、化学工业等诸多领域。特别是含钨高温合金主要应用于燃气轮机、火箭、导弹及核反应堆的部件，高比重钨基合金则用于反坦克和反潜艇的穿甲弹头。

图5-11 兰坪铅锌矿俯瞰

国的王冠"之美誉。目前，已探明和发现的矿藏有铅、锌、铜、银、盐、锶、汞、锑、硫、铁、石膏、云母、叶蜡石、冰洲石、水晶石等十多种，150余处矿床点。其中，金顶凤凰山特大型铅锌矿，储量大，品位高，成矿集中，易开采。随着勘

探力度的进一步加大，新的矿床、矿点还在不断被发现。

中国著名盐矿

中国盐矿资源相当丰富，是世界产盐大国和消费大国，以海水为原料生产的海盐居世界第一位，海盐、湖盐和井矿盐的总量居世界第二位。除海水中盐资源外，矿盐资源在全国17个省（区）都有产出。以青海省为最多，四川、云南、湖北、江西等省次之。

察尔汗盐湖

察尔汗盐湖位于青海省格尔木市，是中国最大的盐湖，也是世界上最著名的内陆盐湖之一。盐湖东西长约160 km，南北宽20～40 km，盐层厚为2～20 m，面积5 800 km²，海拔2 670 m。湖中储藏着500亿t以上的氯化钠，经测算，可供全世界的人食用1 000年。还出产闻名于世的光卤石，它晶莹透亮，十分美观。伴生着镁、锂、硼、碘等多种矿产，钾、盐资源极为丰富。

万丈盐桥是格尔木至敦煌的一段从达布逊湖上穿过的公路，厚达15～18 m的盐盖构成天然的盐桥，全长32 km，因此人们称其为"万丈盐桥"（图5-12）。

▲ 图5-12　万丈盐桥一瞥

"桥"上路面光滑平坦，山色湖光相映，景致很美，堪称"举世无双"。玉带似的盐桥（路），旁无护栏，下无桥墩，更无流水。整个路面平滑光洁，坦荡笔直，盐桥（路）将盐湖从中间劈成两半，使人惊叹不已，不得不臣服于人类的聪明和智慧。此外，在察尔汗盐湖可以看到一种奇特的地貌——盐喀斯特地貌，"盐钟乳"和"盐花"就是此类地貌的体现。

山东矿产资源谈

山东矿产资源丰富，已发现各类矿产150余种

全省成矿地质条件优越，鲁东、鲁西矿产各具特色

省内金、铁、煤、金刚石、石油等矿产优势明显

山东省是一个矿产大省，矿产资源较为丰富，是全省经济发展的重要保障和驱动力。山东省地处华北板块东南缘与扬子板块相接部位，在这种特殊的大地构造背景下，由于复杂的地质演化历史所造成的现今多样性的岩石建造特点，决定了成矿物质的多源性、成矿作用的多期性和成因机制的多型性。从中太古代到新生代第四纪的近30亿年的各个地质历史时期中，几乎都有工业矿床形成；并且在我国均占有重要地位。

山东矿产资源概况

山东省是我国的矿产大省，区内蕴藏着丰富的矿产资源，在全国占有较重要的地位。目前，全省已发现矿产150种，探明储量的矿种有81种（表6-1），能源矿产、金属矿产、非金属矿产和水气矿产均较丰富，属于矿种较为齐全的省份之一。

表6-1　　　　　　　　　　山东已探明储量的矿产资源种类

矿产大类	探明储量的矿种	
	矿种数	名　称
能源矿产	7	煤、石油、天然气、油页岩、铀、钍、地热
金属矿产	25	铁、钛、铜、铅、锌、铝土矿、镍、钴、钨、钼、金、银、铌、钽、锆、铈、镧、镨、钕、镓、铪、镉、硒、碲、铍
非金属矿产	46	金刚石、石墨、自然硫、硫铁矿、红柱石、滑石、石棉、云母、长石、石榴子石、透辉石、蓝晶石、沸石、明矾石、石膏、重晶石、菱镁矿、萤石、白云岩、石灰岩、泥灰岩、石英岩、石英砂岩、石英砂、脉石英、页岩、硅藻土、高岭土、陶瓷土、耐火黏土、膨润土、玄武岩、蛇纹岩、花岗岩、大理岩、矿盐（岩盐、天然卤水）、溴、钾盐、磷、蓝宝石、辉绿岩、辉长岩、凝灰岩、珍珠岩、电气石
水气矿产	3	地下水、矿泉水、二氧化碳气

由表可知，全省发现的石油、天然气、煤、地热等能源矿产7种；金、铁、铜、铝、锌等金属矿产25种；石墨、石膏、滑石、金刚石、蓝宝石等非金属矿产46种；地下水、矿泉水等水气矿产3种。查明资源储量的矿产地2 678处（不含共伴生矿产地数）。山东现已发现的矿产资源占全国发现矿产资源（172种）的87.2%；查明资源储量的矿产资源种类占全国查明资源储量的矿产资源种类（159种）的50.9%（孔庆友，2014）。

山东矿产资源在全国的地位

山东查明的矿产资源列全国前5位的

——地学知识窗——

地热资源

地热资源，又称"地热"，由自然界的一些运动过程（主要为地壳内的岩浆活动和造山运动）使地球内热在一定地域内富集，并达到人类能够开发利用的程度。如中国西藏羊八井地热田、台湾省的大屯地热田等。

有45种，列全国前10位的有77种，以非金属矿产居多。据2012年底全国保有资源总量统计（表6-2）：

表6-2　　　　　　　　　　山东省列全国前十位的矿产资源种类

排名	矿种
1	金矿、铪矿、自然硫、石膏、玻璃用砂岩、饰面用花岗岩、陶瓷土、水泥配料用红土、陶料用黏土
2	石油、菱镁矿、金刚石、石榴子石、钛（金红石）、玉石、透辉石、建筑用辉石岩、饰面用玄武岩、建筑用闪长岩、建筑用角闪岩、水泥用灰岩、电气石
3	锆、片云母、铸型用砂、熔剂用蛇纹岩、晶质石墨、制碱用灰岩、化工用白云岩、陶瓷用砂岩、耐火黏土、饰用辉长岩、饰面用角闪岩、建筑用大理岩
4	铁矿、滑石、钴、明矾石、建筑用花岗岩、溴
5	熔剂用灰岩、建筑用辉绿岩、玻璃用石英岩、隐晶质石墨、水泥配料用泥岩
6	钾盐、油页岩、化肥用蛇纹岩、宝石、二氧化碳气、水泥用凝灰岩、珍珠岩、水泥用大理岩、磷矿
7	铝土矿、红柱石、镓矿、铸型用砂岩、硫铁矿、水泥用大理岩、水泥配料用黄土、盐矿、冶金用白云岩、泥灰岩
8	重晶石、方解石、水泥配料用页岩
9	煤炭、石棉、饰面用辉绿岩、沸石、天然气、长石、膨润土
10	银矿、铝矿、玻璃用砂

---地学知识窗---

地下水

　　地下水是以各种形式埋藏在地壳空隙中的水。其中，按含水层的含水空隙特点，可分为孔隙水、裂隙水和岩溶水。地下水分布很广，在工业、农牧业、国防、医疗和生活等方面有广泛用途，是一种宝贵的地下资源。

　　山东列全国第一位的矿产资源有金、铪、自然硫、石膏等9种；列全国第二位的有石油、菱镁矿、金刚石等13种；列第三位的有锆、片云母等12种；列第四位的有铁矿、滑石、钴矿等6种；列第五位的有熔剂用灰岩、建筑用辉绿岩等5种；列第六位的有钾盐、油页岩等9种；

列第七位的有铝土矿、红柱石等10种；列第八位的有重晶石、方解石等3种；列第九位的有煤炭、石棉等7种；列第十位的有银矿、钼矿等3种。

山东矿产资源的分布

　　不同的大地构造单元内分布着各具特色的矿产。在鲁东地块（包括胶北地块、胶南造山带）、鲁西地块及华北拗陷（山东部分）内，由于各自地壳演化历程的差异，决定其岩石建造和含矿建造的差异，从而导致了各大地构造单元内分布着各具特色的矿产。如胶东地区金矿发育，而鲁西地区铁矿、煤矿发育，在华北拗陷区中发育有大量的石油和天然气。山东省主要矿产分布如图6-1所示。

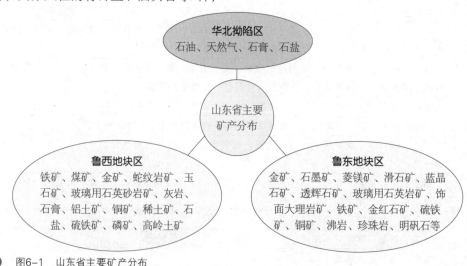

图6-1　山东省主要矿产分布

山东矿产资源特点

与全国相比，山东省矿产资源特点既有共性、又有差异，并且具有明显的特征，总体有如下特征：

矿种齐全，总量丰富，但人均占有量少

山东省矿产种类较多，能源、金属、非金属和水气矿产均有分布，且部分资源储量较丰富，单位面积丰度值较高，是国内重要矿集区之一；但由于人均占有资源量相对较少，相当于全国人均值的49%，仅居第十一位。

贫矿多、富矿少，伴生矿多，单一矿少

支柱性矿产中，小型矿床多、共（伴）生矿及贫矿多，资源保证程度较低。已查明的矿产地中，90%以上为中、小型矿床，大型、特大型矿床中除少数为煤矿、金矿外，多为非金属矿产。重要金属矿产绝大多数为共（伴）生矿床，60%以上的铁和大多数有色金属矿产为贫矿或难采、选、冶矿产。国民经济支柱性矿产中，铀、铁、铜、铅、锌、钼、磷、钾盐等矿产成矿条件较差、查明资源量少。

资源分布范围广、区域相对集中

全省矿产资源分布范围十分广泛，各个地市都有矿产形成，受成矿地质条件制约，矿产资源在地域组合和矿种配置上呈现明显差异。鲁东地区是我国金矿的重要分布区，也是石墨、滑石、菱镁矿等非金属矿产分布区；鲁西北地区是能源（煤、石油和天然气等）主要产地；鲁中地区黑色金属（铁）和非金属矿产资源较为发育；鲁西南地区是部分金属矿产及地下热水资源分布区。山东省矿产资源的区域分布特征，为全省不同地区形成各具特色的矿业经济布局奠定了物质基础。

部分重要矿产资源潜力较大

随着勘查技术条件的提高、找矿新理论的应用，已获得许多重要地质找矿信息，近年来的深部找矿工作显示，全省500～2 000 m处深部蕴藏的矿产资源较为丰富。如鲁东胶北地区部分"焦家式"金矿区深部发现并初步探明新的矿体，鲁西菏泽地区深部发现厚大的铁矿层和煤矿等。上述勘查成果均表明，石油、煤、铁、金等重要矿产后备资源找矿潜力较大，地区经济社会发展可持续性强。

山东主要矿田（山）聚珍

通过山东省列全国前十位的矿产资源种类表可知，全省优势矿种众多。现将石油、煤矿、金矿、铁矿、金刚石等主要矿产资源简述如下：

山东油田

山东是中国重要的含油气省份，也是产油大省之一。省内油气资源主要集中分布于鲁北地区，如东营、滨州、德州（东南部）、潍坊（西北部）、淄博（北部）、济南（北部）等市所在的黄河三角洲地区（图6-2），目前是中国的第二大石油生产基地；其次是菏泽市东明县西部和聊城市莘县西南部地区，已发现8个油、气田；再次是潍坊市北部，发现了潍北油田。此外，在德州城区东南和聊城市茌平县西部各有1口井获得工业油流；在莱阳市境内获得低产油流；在泰安市大汶口地区进行自然硫勘探时，个别钻孔曾获工业油流；在龙口煤田的勘查中，个别钻孔发现过油气显示。

山东省油气资源为地方和全国的经济健康发展提供了重要保障。

胜利油田

胜利油田是胜利石油管理局、胜利油田分公司和胜利石油工程公司的统称，包括勘探开发、石油工程、公用工程、矿区服务四个业务板块。胜利油田地处山东北部渤海之滨的黄河三角洲地带，主要分布在东营、滨州、德州、济南、潍坊、淄博、聊城、烟台等8个城市的28个县（区）境内，主要工作范围约$4.4 \times 10^4 \text{ km}^2$，是中国第二大油

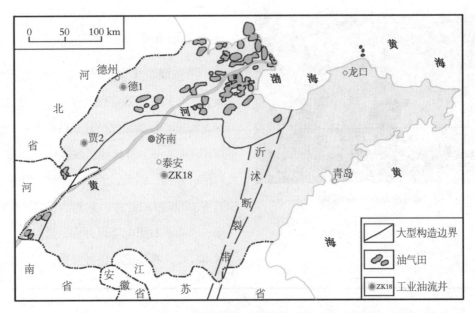

△ 图6-2　山东省中、新生代油气田分布简图（孔庆友，2014，有修改）

田。按地质区划分，山东境内可找油找气的沉积盆地有济阳、昌潍、胶莱、临清、鲁西南等5个拗陷，总面积约6.1×10^4 km²，其中，济阳拗陷和浅海地区是油田勘探开发的主战场（图6-3、图6-4），已探明储量占油田累计探明储量的99.6%。

△ 图6-3　胜利油田陆地采油现场

▲ 图6-4　胜利油田渤海采油现场

山东煤矿

山东既是煤炭资源大省，又是产煤大省，全省煤田勘查程度较高，部分煤田开发程度亦较高。据统计，在山东省20个煤田（图6-5）及其他含煤区中，陶枣、官桥、兖州、临沂、沂源、肥城、坊子、五图8个煤田和五井、朱刘店、岐山、洪沟、莒县、八里屯等煤井点，勘探工作已基本完成，探明储量已被开采，在建矿井

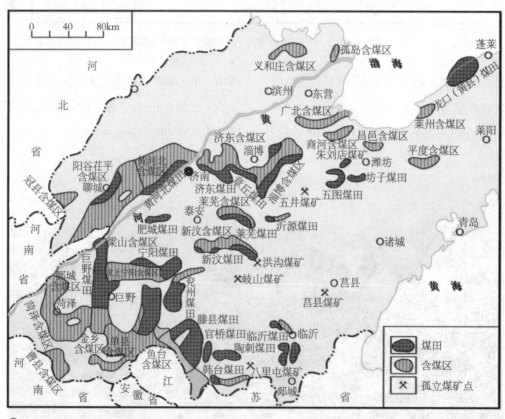

▲ 图6-5　山东省主要煤田和含煤区分布简图

全部利用；巨野和阳谷-茌平两个煤田是在20世纪80年代新发现的，也已进入开发利用的阶段；韩台、滕州、济宁、汶上-宁阳、新汶、莱芜、黄河北、章丘、淄博、龙口10个煤田，已做过程度较高的普查工作，并分别建有开发利用矿井；曹县、单县、梁山、鲁西斜坡带、潍坊等含煤区仅开展过程度较低的找煤工作，勘查潜力巨大。

鲁西地区是山东煤矿主要分布区，其成煤时代为石炭-二叠纪、早-中侏罗世和古近纪，其中以石炭-二叠纪为主。石炭-二叠纪含煤地层分布在鲁西地区，有淄博、章丘、莱芜、新汶、肥城、黄河北、兖州、济宁、滕县、曹县、陶枣及巨野等煤田。早-中侏罗世含煤地层仅分布在潍坊市坊子区，有坊子煤田。古近纪所形成的煤矿分布在鲁西昌乐五图和胶东龙口地区。

济宁煤田

该煤田于1958年发现，面积约839.60 km²。自20世纪60年代由华东煤田二队对陆地部分开始普查勘探起，至20世纪70年代末开展包括湖区的精查勘探，先后提交了济宁煤田（东区）、二号井、三号井、岱庄、许厂、泗河涯、唐口、何岗、鹿洼、王楼、葛亭等精查地质报告。

目前大部分矿井已建成投产，这也是一个年产上千万吨的大型现代化矿区（图6-6、图6-7）。

▲ 图6-6 济宁煤矿远眺

▲ 图6-7 济宁煤矿开采场景

山东金矿

山东金矿分布较广，在全省17个地级市中有13个市分布有金矿床、矿点或矿化点；查明资源储量相对集中。金矿集中分布于招远、莱州、龙口、蓬莱、栖霞、牟平、乳山、平度等地，又特别集中地分布在胶西北地区，如招远玲珑金矿田、莱州焦家–新城金矿田等。此外,在鲁西地区的平邑、沂南、沂水、苍山、泰安、邹平、五莲、蒙阴、莒南、汶上等地也有少量分布。胶东地区是中国最大的金矿集中发育区(图6-8),也是最大的金矿生产地,它以仅占全国陆地0.27%的面积,却在相当长时期内其黄金产量和储量均占全国的1/4以上(吕古贤等,2011)。

全省金矿资源由岩金、砂金及铜和硫铁矿中的伴生金3种类型金矿构成,以岩金为主,占全省金矿资源储量的96.05%;砂金仅占1.78%;伴生金占2.17%。与金成矿关系密切的赋矿岩系也种类繁多,如太古宙含金绿岩系、元古宙及古生代含金浅变质岩系、古生代及中生代早期含金沉积岩系、显生宙含金花岗质岩系和含金火山岩系及中新生代含金砂砾(层)岩系,总体上无明显的成矿专属性(李景春等,2002)。山东金矿有多个成矿期,主要有燕山晚期、燕山早期、五台–阜平期,燕山晚期是全省的主要的成矿期。新类型金矿床的发现有助于为今后矿床类型的勘查提供依据,例如,鲁西南地区归来庄金矿的发现,不仅增加了我省金矿储量,而且为在该区寻找隐爆角砾岩型金矿提供了极为重要的启示。

焦家金矿

焦家金矿位于莱州市境内,位于烟台、青岛、潍坊的中心地带,20世纪60年代初发现,1977年被命名为焦家式金矿

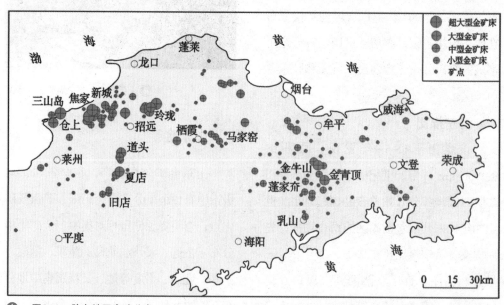

图6-8 胶东地区金矿分布

（图6-9、图6-10）。1975年建矿，1980年建成投产。

莱州焦家-新城金矿田位于胶北隆

▲ 图6-9 焦家金矿远景区

▲ 图6-10 焦家金矿地下矿洞

起西部，招远-莱州金矿带中西段，横跨招远、莱州两市，矿田北自界河，南止马塘，西起焦家，东到前孙家，面积约20 km²。矿田内包括焦家、新城、上庄、王家沟-陈家、望儿山、界河、红布、河东、河西、东季、马塘、龙埠12个主要矿床，累计查明资源储量达300 t以上，平均品位5.63 g/t。莱州焦家金矿是本矿田的重要矿床，属于典型的破碎带蚀变岩型金矿床。

山东铁矿

山东省铁矿资源十分丰富，据统计，在全省查明的80余处铁矿床（区）中，鲁西地区占71处，鲁东地区占9处（图6-11）。

鲁西地区是省内最重要的铁矿产地，其中，全省大、中型铁矿床几乎都分布于鲁西地区，主要以沉积变质型铁矿、接触交代型铁矿为主，其中在济南、莱芜、淄博、临沂、济宁等地铁矿十分发育，为当地及全省经济发展提供了重要支撑。

莱芜铁矿

莱芜铁矿位于一个中部向北突出的近东西向弧形断陷盆地，盆地东西长约70 km，南北宽10～30 km。盆地内古生界、新生界地层均有出露。该盆地主要形成于燕山构造期，中、新生代经历了多次剧烈构造变动，并伴随有岩浆活动；其中，尤以燕山期岩浆活动最为强烈。区内铁矿即与此期岩浆活动有关，属于典型的接触交代型铁矿。莱芜铁矿由峪峙、矿山、金牛山及铁铜沟等矿田组成。

莱芜钢铁集团是以莱芜钢铁集团有限公司为核心企业，以资产联结为纽带，集生产、科研、流通、金融、服务于一体

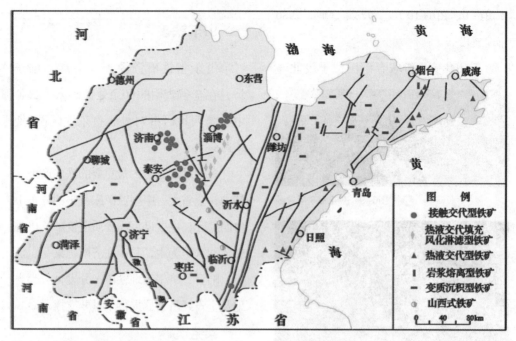

图6-11　山东省铁矿分布简图

的经济联合体，是以钢铁产品为主，开发冶金高科技，实行多元化经营，跨地区、跨行业、跨所有制、跨国经营的大型钢铁企业集团。莱钢始建于1970年1月，经过40多年的建设发展，现已成为具有年产1 800万t钢以上综合生产能力的大型钢铁企业集团。钢铁产品主要有型钢、板带、优特钢、棒材四大系列。

山东金刚石矿

　　山东省是我国最著名的金刚石产地之一，主要分布于蒙阴县境内，在常马庄、西峪村和坡里村等地。金刚石原生矿多产于金伯利岩筒中，次生分散的金刚石矿物遍及整个鲁西山区，赋存于不同时代的粗碎屑沉积物中，其中第四系沉积物中形成金刚石砂矿，主要分布于郯城县的于泉、陈家埠一带（图6-12）。

　　山东部分钻石闻名遐迩，其中"金鸡钻石"（图6-13）、"常林钻石"（图6-14）等最为著名，此外，著名的钻石还有"蒙山Ⅰ号"和"陈埠Ⅰ号"等，几乎每颗著名的钻石都有一个与之相关的经典故事。

　　金鸡钻石是中国迄今为止发现的最大钻石，重约281.25 Ct，其经历也是颇为

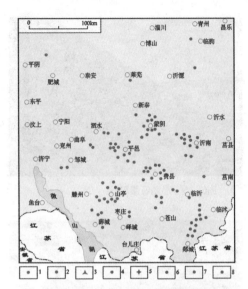

▲ 图6-12　山东省金刚石矿及其矿物出土点分布

▲ 图6-13　金鸡钻石

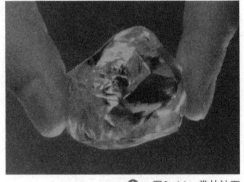

▲ 图6-14　常林钻石

——地学知识窗——

金伯利岩

金伯利岩是橄榄岩岩石类型的一种变种，它主要由橄榄石和金云母组成，是生产金刚石的主要岩石类型；该名称来自南非金伯利，故称之为金伯利岩。

曲折。该钻石于1937年在山东省临沂市郯城县李庄乡发现，几经辗转，最终被日本驻临沂县（现临沂市）的顾问掠去，至今下落不明。常林钻石重158.786 Ct，密度3.52 g/cm^3，长17.3 mm，颜色呈淡黄色，质地纯洁，透明如水，晶莹剔透；晶体形态为八面体和菱形十二面体的聚形；于1977年12月21日，由山东省临沭县华侨乡常林村农民魏振芳在田间耕作时发现，她无私地把这块宝石献给了国家。

山东701金刚石矿

701金刚石矿分布于蒙阴县城关镇、常马乡、平邑县武台乡，东西跨30多千米。矿田处于华北地台鲁西台背斜中心部位，郯庐断裂带东40～70 km，次级北西向断裂发育。基底岩层为太古宇变质岩。岩浆岩除超基性浅成岩外，发育有中生代闪长岩-花岗闪长岩和一些小型脉岩。

矿体赋存于太古代片麻岩中，含矿母岩有块状、角砾状金伯利岩、角砾爆发金伯利岩，由一组岩脉、10个岩管共同组成了岩管群，岩管间距20～50 m。岩脉北东东向分布，长1 000余m，平均厚1.15 m，近期探明金伯利岩带有3条，呈北北东-东北向左列雁行展布，有脉状和管状矿体。该矿床属于超大型金刚石矿床。

近年来，相关单位在蒙阴地区开展了大量的金刚石找矿工作，并取得了可喜的成绩，其中，在蒙阴县常马庄地区金刚石原生矿深部估算资源量（矿石量）142.1万t，预计可探获金刚石资源量1 02.7万Ct；在蒙阴县桃花峪-双泉山地区发现了12条金伯利岩脉，也具有较大的找矿潜力。

图6-15　晶质石墨矿石

图6-16　隐晶质石墨矿石

山东石墨矿

石墨是山东省的优势矿产之一，全省石墨矿主要分布于胶东地区的青岛（平度市、莱西市）、烟台（莱阳市、牟平市）、威海（文登市）及鲁中地区的莱芜等地。青岛的平度、莱西是我国晶质石墨矿床（图6-15、图6-16）重要产区之一。

莱西市南墅石墨矿床

该矿床分布于莱西城西北约25 km的南墅镇的北部，自西向东包括岳石、刘家庄和院后3个矿段，属一大型石墨矿床。

矿区在地质构造位置上居于胶北隆起南缘、栖霞复背斜南翼的一个由北北东向招平断裂、马家-围格庄断裂及近东西向芝山断裂等几条断裂所围限的断块上。在东西宽8～10 km、南北长约18 km的前寒武纪小断块上，分布着古元古代变质岩系，其中赋存着丰富的晶质石墨矿资源。南墅石墨矿区位于该断块的中南部；在南墅石墨矿区西北约5 km处，为北墅大型石墨矿床，均属于变质沉积型石墨矿床。

山东滑石矿

滑石矿是山东省的一种优势矿产资源，产于胶北地区的滑石矿床为我国富镁质碳酸盐岩系中滑石矿床的三大集中产区之一。滑石矿开采历史较久，矿床产地较多、资源较丰富，所探明的储量居全国第四位。具有工业价值的滑石矿床产于古元古代富镁质碳酸盐岩系中，已探明储量的有栖霞李博士夼、莱州粉子山、优游山、大原家-山刘家、上疃、海阳徐家店、平度芝坊等6处矿床。此外，还有蓬莱山后李家、牟平马山寨、莱阳西北岩、文登汪疃和黑龙洼及威海、福山等地的16个小型矿床（点）。除胶北隆起区外，在胶南隆起及鲁西隆起区还分布着一些古元古代/新元古代蛇纹岩型或角闪岩型的滑石矿化，但其矿石质量普遍较差。

栖霞李博士夼滑石矿床

李博士夼滑石矿区位于栖霞县城东北约25 km处，其自西向东包括老庙顶、李博士夼、杨家夼3个矿段，东西长约6 km，南北宽约1.1 km；李博士夼矿段东西长约2.3 km。矿区存地质构造部位，上居于胶北隆起北部、栖霞复背斜的北翼。矿石以块状白滑石为主，其次为黑滑石。李博士夼滑石矿是山东省内最大的滑石矿床，累计查明资源储量$2\,667 \times 10^4$ t，为一大型滑石矿床。

山东自然硫和石膏矿

自然硫

山东目前所评价的自然硫矿床有两处——泰安汶口盆地自然硫矿和泰安朱家庄自然硫矿，其位于鲁西隆起西部的古近纪汶蒙盆带的汶口盆地和汶东盆地中。此外，在济阳拗陷内的石油勘查过程中，在古近纪济阳群沙河街组四段中也发现有自然硫矿层。

泰安朱家庄自然硫矿床

泰安朱家庄自然硫矿床位于泰安市岱岳区的南部。矿区以朱家庄为中心，东起凤凰庄，西至大汶口；北起茅茨，南至东良父。矿区（田）面积约160 km，在地质构造部位上，居于鲁西隆起西部的大汶口-蒙阴拗陷的汶东凹陷内，矿区位于汶蒙盆带中的汶东盆地内，该盆地北为新甫山凸起，南为蒙山凸起。自然硫矿床分布于汶东盆地的中西部。按照含自然硫的岩石类型，朱家庄自然硫矿石可划分为5种自然类型，即自然硫页状泥灰岩型、自然硫泥灰岩型、自然硫石膏岩型、自然硫油页岩型和自然硫砂岩型，分布广泛和具有工业价值的主要为前两种类型。全矿区硫平均品位为9.91%。

石膏

山东是石膏矿资源丰富的省份，其储量居全国首位。在山东至少存在3个主要的石膏成矿期——早寒武世、早奥陶世–中奥陶世、古近纪。其中，以形成于古近纪的石膏矿石质量最好、矿床规模大、分布广、储量多，是当前石膏开发的主要对象。

泰安汶口盆地石膏矿床

泰安汶口盆地石膏矿床位于泰安城南的汶口盆地内。汶口盆地为一个北断南超的新生代断陷盆地。盆地在平面上呈向北凸出的箕形。石膏矿分布在盆地的中东部地区；因其赋存着丰富的石膏矿及伴生的石盐、钾盐和自然硫3种重要矿产，而为地质界所关注。有北西遥、临汶两个矿区，为特大型石膏矿床。

汶口盆地周缘地区分布着新太古代变质岩系及寒武纪和奥陶纪地层。盆地内分布着古近纪官庄群大汶口组（大部分为第四系覆盖），其自下而上分为3段，石膏矿主要产于第二段中。构造控制了汶口盆地边界的南留弧形断层及几组北西–北北西向和北东–北北东向断层，是以升降运动为主要活动方式的同生断层，其控制着盆地的生成与发展，形成北断南超、边

断边陷的单断箕形盆地及石膏、石盐、钾盐和自然硫矿的形成。汶口盆地内为由古近纪官庄群大汶口组构成一轴向50°左右的不对称向斜构造。汶口盆地古近纪始新世–渐新世蒸发岩岩相在平面上从盆地边缘至中心可以划分为6个相区，其中石膏岩相区就产出于其中。

山东轻稀土矿

山东发现的轻稀土矿分布零星，主要见于鲁西地区的微山郗山、苍山吴沟、莱芜胡家庄及鲁东地区的莱西塔埠头、五莲大珠子等地；其中，以微山郗山轻稀土矿规模最大。

微山郗山轻稀土矿床

经地质勘查评价，探明轻稀土总量近十余万吨（占全省探明总储量的90%）。微山郗山轻稀土矿位于微山县城东南约16 km处的微山湖东岸，矿区四系覆盖；出露基岩为新太古代变质岩系（黑云斜长片麻岩）及中生代燕山晚期石英正长岩、霓石石英斑岩、碱性花岗岩和闪长玢岩。轻稀土矿体呈脉状赋存在上述新太古代变质岩系及燕山晚期侵入岩中。微山郗山稀土矿是验证航空放射性异常时发现的，山东地矿系统1958～1975年间相继进行了普查、详查及勘查工作，探明稀土总量近

12×10^4 t，为一中型矿床。该稀土矿自20世纪70年代就开始开发利用，目前仍在生产，是山东省内唯一一处稀土生产矿山。

山东饰面石材矿

山东省内主要饰面石材资源为花岗石类和大理石类，其分布广、品种多；板石类主要见于栖霞、五莲、莒县等地，分布局限，开发利用程度低。

饰面花岗石

根据区内的成因类型，省内饰面花岗石分布面积广，可分为如下三种：

侵入岩型花岗石矿床基本特征

广泛地出露在鲁中南隆起、胶南造山带及胶北隆起内。岩体规模大，多呈岩基、岩株产出，部分呈岩墙、岩脉产出。此类花岗石矿床可归为两大类岩石类型：花岗岩–花岗闪长岩类和辉长岩–闪长岩类，而每类中又含有多个花色品种。花岗岩–花岗闪长岩类的主要饰材品种有柳埠红（图6-17）、将军红、石岛红、平邑红、五莲红、五莲花、泰山花、胶南樱花、宁阳白等。辉长岩–闪长岩类的主要饰材品种有济南青（图6-18）、莱芜黑、莱州青、乳山青、五莲灰、太河青、章丘墨玉、长白花、沂南青（中国蓝、图6-19）等。

▲ 图6-17　柳埠红

▲ 图6-18　济南青

▲ 图6-19　沂南青

火山岩型花岗石矿床基本特征

山东省内可作为饰面石材的火山岩主要有玄武岩、安山（玢）岩等；花色品种主要有邹平绿玉、昌乐黑、即墨马山翠玉等。主要分布在鲁西地区的邹平、昌乐及鲁东地区的即墨等地。矿石切割成板材抛光后，板面平整、光亮，质润如玉，色如鸭蛋绿色，微显波纹，装饰效果好。

区域变质岩型花岗石矿体

此类花岗石主要分布于鲁西地区的泰山、徂徕山、沂山等地，属新太古代泰山岩群中遭受区域变质变形的长英质、角闪长英质等变质岩石。省内目前开发利用的此类花岗石，主要有灰色、灰白色、灰黑色等块状及条纹-条带状变质岩石；主要花色品种有泰山及徂徕山海浪石、泗水条灰、曲阜条灰、莱芜小花、徂徕花等。

饰面大理石

按原岩成因，山东省内饰面大理石矿床可分为沉积变质型、接触交代型及沉积型3类。

沉积变质型饰面大理石矿床

该类饰面大理石矿床分布在鲁东地区的胶北隆起内的莱阳、莱州、平度、海阳以及胶南隆起内的莒南、五莲等地；属产于古元古代荆山群和粉子山群中的区域变质型矿床。主要花色品种有莱阳绿（图6-20）、莱阳黑、竹叶青、莱阳红、雪花白、条灰、云灰、海浪玉、翠绿、秋景玉等。此类矿床的矿床为层状，分布稳定，规模大，长宽可达数百米至数千米，厚几米至二三十米。

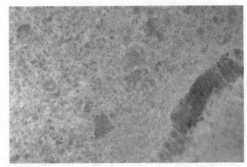

▲ 图6-20 莱阳绿

接触变代型饰面大理石矿床

此类饰面大理石矿床分布局限，目前作为饰面石材者主要见于枣庄市峄城区关山口村一带。饰材品种称为关山玉，或称奶油、条灰；峄城关山口接触交代型饰面大理石矿床，为中生代黑云二长花岗岩浆侵入交代寒武系下统石灰岩，使石灰岩变质重结晶形成的，矿体呈似层状，长数百米至千米，宽几十米至百米，厚几米至十余米。

沉积型饰面大理石矿床

该类沉积型大理石主要见于枣庄峄城及临沂苍山等地。其岩石为寒武纪馒头组灰黑色厚层灰岩及深灰色厚层豹皮状白云质灰岩；呈层状，延伸稳定，长及宽可达数千米，厚几米至十几米。主要花色品种有墨玉、隐花墨玉等。不仅单独由墨玉装饰效果良好，而且也易于拼接，装饰效果好。

Part 7 矿产资源前瞻谈

未来矿产资源是人类社会可持续发展的前提

未来矿产资源研究包括陆地、海洋、太空等领域

未来矿产资源研究具有阶段性、前瞻性和挑战性

矿产资源面临的问题严峻，资源保护刻不容缓

人类社会的发展和进步与矿产资源的开发利用是密不可分的，随着矿产资源的不断开采，地球上的不可再生矿产资源迟早会枯竭，因此，人类需要不断寻找新的矿产资源来维持自身的发展。当前与地质矿产勘查相关的科研工作的前沿主要体现在"上天、入地、下海、登极"等几方面，国内外学者正在积极地研究新类型、新深度、新领域等方面的矿产资源。

什么是未来矿产资源

未来矿产资源释义

未来矿产资源（Future Mineral Resources）是指受目前经济、技术以及环境因素的限制，尚难发现和尚难以工业利用的矿产资源，以及尚未被看作矿产和尚未发现其用途的潜在矿产资源。由于其区别于传统的矿产资源，因此，我国的学者多称之为非传统矿产资源（Nontraditional Mineral Resources）。未来矿产资源具有十分丰富的内涵，包括各种新类型、新领域、新深度、新工艺、新用途的矿产资源。同时，未来矿产资源可以在开发利用技术条件的逐步成熟下转化为传统矿产资源。经研究发现，在黑色岩系中的微细粒金属硫化物（图7-1），在可燃有机岩中分散-贵金属元素的独立矿物（图7-2）。

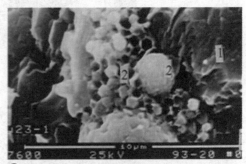

▲ 图7-1 黑色岩系中的微细粒金属硫化物

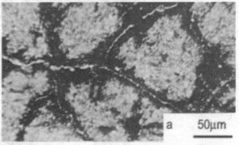

▲ 图7-2 可燃有机岩中分散-贵金属元素的独立矿物

在面向今后的国际竞争中，为保证国家和社会的可持续发展，解决好矿产资源问题具有重要的现实意义和深远的历史意义。例如，从新的领域上来看，虽然目前人类大量的自然资源主要是由陆地提供，但随着科学技术的发展，人类逐渐走向了海洋、极地和太空等新的领域。

对未来矿产资源的基础研究在20世纪80年代就已开始，但迄今国内外尚无系统的、统一的分类原则与分类方案。目前，国内未来矿产资源具有代表性的方案是赵鹏大、张寿庭（2001年）的相关观点，他们基于未来矿产资源为主要研究对象，提出未来矿产资源战略目标性分类方案（表7-1）。

表7-1　　　　　　　　　　未来矿产资源战略目标性分类

划分原则	目标分类	
新类型	1.传统矿床的新类型	2.矿产（矿种）新类型
新领域与新深度	1.宇宙矿产资源 3.极地矿产资源 5.常规勘探领域"无矿区"资源	2.海洋（及海底）矿产资源 4.大深度矿产资源
新工艺	1.难采、选、冶，难提纯型（传统"呆矿"等） 2.再生型（尾矿库型） 3.传统"非矿"型（传统矿床的"矿化围岩"和"矿化岩体"） 4.再造型（人工合成、改性类）	
新用途	传统矿产（新型利用方向）	
新要求	1.环保型 3.高效型 5.农用型 7.其他特殊功用性	2.节能型 4.保健型 6.高新科技产业型

未来矿产资源有哪些

未来矿产资源在各个地区均有产出，本书从陆地、海洋、太空等几个领域对未来矿产资源进行论述。

陆地未来矿产资源

陆地未来矿产资源的新类型主要包括两方面的含义：

新的矿产种类（矿产新类型）

是指从前不认识以及原先认识但不知其性能和用途的矿物和岩石，根据其化学成分和其他质量指标，在现有的和新的工艺流程下成为可以利用的矿产资源新类型。例如，随着勘查深度的不断加深，使得以往的不符合经济意义的矿产资源可能成为今后人们开采的主要对象。目前，世界上最具有代表性的超深钻之一——科拉半岛超深钻（图7-3，钻进深度12 262 m），在深部发现了较好的找矿线索，如在9 500 m时，钻孔揭露的岩石含金量高达80 g/t（现有工业矿体品位仅2 g/t）。由此可见，随着成矿理论的创新和科学技术的进步，较大深度的高品位矿产资源极有可能成为今后矿产资源开发的主要对象之一。

图7-3 科拉半岛超深钻

——地学知识窗——

科拉超深钻孔

科拉超深钻孔曾经长期是世界上最深的钻孔，该钻孔是苏联于1970年在科拉半岛所进行的一项科学钻探，其钻探深度达12 262 m。从开始钻进到1983年，该井的钻探深度已经达到了12 000 m，为此，决定停止进一步钻进。最后的262 m是在1983~1993年间进行的。科拉超深井的钻探工作终止于1994年。

传统矿产资源的新型矿床类型（矿床新类型）

是指传统的矿产种类，但在成矿环境、矿床成因、矿石类型乃至矿石性能等方面均与传统的矿床类型有差异，由此也相应决定了新型的找矿方向乃至新型的开发利用方案。此类矿床可分为火山岩中的矿床亚类；砂岩中的矿床亚类；黑色岩系中的矿床亚类；铝、铁、锰质岩中的矿床亚类；磷质岩及磷块岩中的矿床亚类；硅质岩（喷流岩）中的贵金属-金属矿床亚类；可燃性有机岩中的矿床亚类；变质岩中的矿床亚类；风化壳型矿床亚类；温泉型矿床亚类和卤水型矿床亚类等。又可细分为冻土型砂金矿、红土型金矿、黑色页岩建造中的贵金属矿产、超高压变质带中的金刚石、煤系中的贵金属矿（Au、Pt、Pd等）等数十种类型，如红土型金矿、黑色页岩建造中的贵金属矿产、碱性岩中的金矿。

海洋未来矿产资源

世界海洋占地球总面积的70.8%，拥有极其丰富的矿产资源；海洋是地球上人类开发较晚的领域，需要地质科研工作者进行不断探索。

海洋矿产资源的种类

海洋是巨大的资源宝库，从滨海至深海地区蕴藏着十分丰富的矿产资源。海底矿产资源按其产出区域划分为滨海砂矿资源、海底矿产资源和深海大洋矿产资源。海滨砂矿资源和海底矿产资源皆分布在各国的领海、大陆架及公共海域内；大洋矿产资源则主要分布于国际公海区域内，部分位于各国的专属经济区内。我国在海洋探测方面取得了十分重要的进展，如海洋石油981钻井平台（图7-4）在南海等地区进行了大量的科学钻探，并取得了重要的成果，为我国今后在利用海洋资源方面提供了坚实的基础。

深海中蕴藏着大量的矿产资源，主要包括多金属结核矿、富钴结壳矿、深海磷钙土和海底多金属硫化物矿等。多金属结核矿是一种富含铁、锰、铜、钴、镍和钼等金属的大洋海底自生沉积物，呈结核状，主要分布在水深4 000～6 000 m的平坦洋底，是棕黑色的，形状像土豆、鹅卵石等一样的坚硬物质（图7-5）。富钴结壳矿是生长在海底岩石或岩屑表面的一种结壳状自生沉积物，主要由铁锰氧化物组成，富含锰、铜、铅、锌、镍、钴、铂以及稀土元素，其中钴的平均品位高达

——地学知识窗——

锰矿石

锰矿石包括软锰矿和硬锰矿，另外还有水锰矿、褐锰矿、黑锰矿、菱锰矿等。

▲ 图7-4　海洋石油981钻井平台

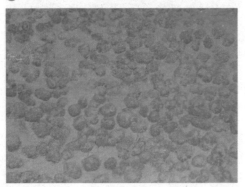

▲ 图7-5　海底锰结核

0.8%～1.0%，是大洋锰结核中钴含量的4倍。海底多金属硫化物矿床是指海底热液作用下形成的富含铜、锰、锌等金属的火山沉积矿床，极具开采价值。磷钙土是由磷灰石组成的海底自生沉积物，按产地可分为大陆边缘磷钙土和大洋磷钙土。在深海底部岩层中蕴藏有大量的油气资源，为缓解资源紧张问题提供了保障。

海洋矿产资源的分布概况

海洋随着深度的不同，分布着不同的矿产资源，海岸带、大陆架和大陆坡、洋盆等地分布的矿产资源详见表7-2。

表7-2　　海洋矿产资源分布表

海洋地貌	海洋矿产资源
海岸带	钛铁矿、磁铁矿、金红石、锆英石、独居石、磷钇矿、褐钇铌矿、沙金、砂锡、铂砂、金刚石、石英砂等各类滨海砂矿
大陆架和大陆坡	煤、铁、铜、铅、锌、锡、钛、磷钙石、稀土、金、金刚石以及丰富的石油、天然气和天然气水合物等
洋盆	多金属结核（锰结核）、富钴结壳及镍、钴、铜、铅、锌等金属元素

在世界性的人口膨胀、资源短缺、环境恶化的今天，海洋地质调查研究更加受到各国的高度重视。从滨岸浅海至深海大洋分布着众多的矿产资源，种类繁多、储量可观的海洋资源越来越成为人类生产的重要的原料基地和人类未来矿产资源需求的希望所在。近年来，中国在深海探测方面取得了显著的成就，如蛟龙号深海探测器的研制成功，使得深海探测深度不断加大，为我国今后利用深海资源提供了技术支撑。

太空未来矿产资源

人类自古以来就渴望探索地球之外的未知世界，如星际航行的先驱者康斯坦丁·齐奥尔科夫斯基就曾预言：人类的命运将置于星球之中，走出地球是人类发展的必然。每年都有大量光临地球的"天外来客"——陨石，这为科学家研究行星组成、生命起源、宇宙演化等提供了大量信息；因此，空间领域研究也成为科学界的热点之一。

月球矿产资源

月球（Moon）是距离地球最近的天体（图7-6），也是目前人类探测与研究程度最高的地外天体。人类于1969年7月16日首次登上月球。中国近几十年来在月球研究中取得了十分重要的成果：2014年1月14日，中国的玉兔号月球车（图7-7）对月球及月壤成功实施首次月面科学探测，我国的首辆月球车"嫦娥系列"航空器在月球探测中取得了重要的数据。

▲　图7-6　月球照片

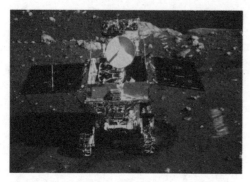

△ 图7-7　玉兔号月球车

—— 地学知识窗 ——

陨 石

陨石（Meteorite）是陨星穿过大气层尚未完全燃尽坠落到地面的残余体。陨石按成分大体可分为：石陨石、铁陨石和石铁陨石。

月球上的核燃料十分丰富，目前人类已在月球岩石中发现了丰富的氦-3（是用来进行核聚变的理想矿物原料）。月球上的太阳光基本上没有因大气吸收等引起的损耗，使太阳能的利用效率极高，是人类利用能源的理想途径之一。月球上的金属矿产资源也十分丰富，迄今为止，已在月球岩石中发现了100多种矿物，不仅有铁、铝、钙等常见金属矿藏，而且有锆、钡、铌等稀有金属矿藏。月球上绝大多数矿物的结构和成分与地球相同，月陆、月海的岩石是月球上提炼铁、钛和水的重要矿物资源。

火星矿产资源

相对于月球，火星（Mars）是一个适于居住的理想的类地行星（图7-8）。它拥有比地球稀薄的大气层（主要成分为 CO_2），重力场约为地球上的1/3。经对火星探测器传回的高分辨率照片研究表明，火星上流水地貌发育，包括冲沟、冲积扇、冲积平原和碎屑流堆积物等；火星表面的高山、峡谷、河道和平原等地貌特征均与地球上的十分相似。

△ 图7-8　火星照片

人类对火星已经开展了探测工作，美国宇航局发射的好奇号（Curiosity）（图7-9）火星探测器于2012年8月6日成功降落在火星表面。该探测器发回的大量

△ 图7-9　美国好奇号火星车

数据显示，火星资源较为丰富，在其岩石和土壤中已发现了钠、镁、铝、钾、钙、钛、铬、钼、铁、镍等十余种金属元素。近年来，关于人类登上火星的计划已经在筹划进行中，勇敢的志愿者可能成为人类移居火星的第一批"永久居民"。

近地行星及彗星

　　近地小行星富含建设"太空基地"所必需的金属和矿物，而彗星（图7-10）富含生命所需的水和碳基分子。小行星是早期太阳系形成后的剩余物质，因其体积太小而得名；其中，能够接近地球的小行星

△ 图7-10　彗星照片

称为近地小行星。小行星一般有3种，即金属型、石质型和混合型，其中，金属型小行星上有丰富的铁、镍和铜等金属，有的还有金和铂等贵金属及稀土元素。

　　科学家很早就对近地行星及彗星进行了观察研究，罗塞塔号彗星探测器（图7-11）是欧洲空间局组织的无人太空船计划。2014年11月13日凌晨，该探测器释放的"菲莱"着陆器登陆并开展探测工作，主要研究楚留莫夫－格拉希门克彗星，其任务是探索46亿年前太阳系的起源之谜，以及彗星是否为地球"提供"生命诞生时所必需的水分和有机物质，也许重要的科研成果很快就会呈现在人类面前。

△ 图7-11　罗塞塔号彗星探测器

　　太空矿产资源的重要性不言而喻，某些科学家甚至预言，可以将月球变成人类的原料基地、加工基地和能源基地。其中，近期最有可能开发利用的太空资源主要是月球资源，其他星体如火星、彗星、金星、水星

等可以作为将来研究、勘查和开发利用的对象。因此，在浩瀚的宇宙中，太空领域也可能成为人类利用矿产资源的新基地。

未来矿产资源发展趋势

于人类认识能力和科技水平的局限性，未来矿产资源具有明显的阶段性，整个人类社会的发展在资源开发利用层面上就是一个将"未来矿产资源"转化为"传统矿产资源"的过程。未来矿产资源的研究具有前瞻性，需要更为先进的观点、理论、技术和方法进行研究并加以利用；可以说，谁掌握了未来矿产资源研究和开发的主动权，谁就能掌握未来世界发展的引领权。就现阶段而言，未来矿产资源目前多处于分析研究的层面。陆地未来矿产资源仍是现阶段矿产勘查的主要研究对象；由于海洋未来矿产资源蕴藏量巨大，将是全球国家研究开发潜力和竞争的焦点；而太空未来矿产资源则是未来开发的对象，目前仅处于研究阶段。不难想象，未来矿产资源的发展将被更加重视，而且随着新材料技术的不断发展，矿产的种类还将会不断增加，并在未来所占比例将会逐渐增加。未来矿产资源将逐步走进百姓的日常生活。

矿产资源如何保护

从人类出现以来，人类就一直以各种形式利用着地球的矿产资源，并以此维系着人类的生存和社会的发展。地球资源总量是有限的，绝大多数资源是不可再生的；同时，随着新世纪世界工业化水平的进一步提升，资源能源危机一直困扰着世界经济。因此，地质工作者担负着因矿产资源日益减少，急需探寻深部隐伏矿床、开拓新的矿产基地、开发新型矿产资源的重任，以及保护生态环境，实现矿业开发和环境保护协调发展的任务。

世界地球日（图7-12）（The World Earth Day，即每年的4月22日）——为了唤起人类爱护地球、保护家园的意识，促进资源开发与环境保护的协调发展，进而改善地球的整体环境，1970年由美国的盖洛德·尼尔森和丹尼斯·海斯发起的一项世界性的环境保护活动，并于2009年第63届联合国大会最终确立。

图7-12 世界地球日

人类社会的可持续发展依赖于资源的可持续发展。为了提高今后矿产资源对经济社会的可持续发展的保障能力，我国采取了开源节流并举，资源节约优先；突出紧缺资源，拓展对外合作等多种技术措施。涂光炽（2003）认为，在人类开发过程中，需要实行综合找矿、综合评价、综合开发、综合利用；走绿色矿业之路，综合勘查开采、节约集约，循环利用、保护环境。可采取如下措施：

（1）制定各种与矿产资源相关的法律法规，增强对今后资源开发利用的导向性；

（2）针对相关紧缺的资源，要在科学理论的指导下，加大资源勘查力度；

（3）积极增加新兴能源、清洁能源和可再生能源的利用比重；

（4）增强矿山环境保护，大力发展绿色矿山，促进矿山与环境的和谐发展；

（5）增强节约资源的意识，大力发展循环经济，提高资源的利用程度；

（6）提高理论创新，加大勘查技术的研发，大力发展未来资源。

人类将在地球生态和矿产资源的可持续发展中扮演着越来越重要的角色，人类与自然能否和谐相处，关乎着人类的生死存亡。总之，矿产资源存，则人类存；矿产资源亡，则人类亡，这不断考验着人类利用矿产资源的方式。"节约资源、保护环境"是全人类共同的责任，人类社会需要呵护我们生存的环境，给子孙后代的可持续发展留下一片青山、绿草、蓝天、净水……

——地学知识窗——

地质灾害

地质灾害是自然的或人为造成的对生命财产造成危害或潜在危害的地质条件。一般分为自然地质灾害和人为地质灾害两类，前者又可按动力来源的不同分表生性的和内源性的两种。

参考文献

[1]地球科学大辞典编委会. 地球科学大辞典-应用学科卷[M]. 北京;地质出版社, 2005.

[2]侯增谦, 曲晓明, 杨竹森, 等. 青藏高原碰撞造山带;III. 后碰撞伸展成矿作用[J]. 矿床地质, 2006, 25(6);629-651.

[3]孔庆友, 张天祯, 于学峰, 等. 山东矿床[M]. 济南;山东科学技术出版社, 2006.

[4]孔庆友. 地矿知识大系[M]. 济南; 山东科学技术出版社, 2014.

[5]矿产资源工业要求手册编委会. 矿产资源工业要求手册[M]. 北京;地质出版社, 2010.

[6]李景春, 赵爱林, 金成洙, 等. 金成矿多样性与矿床谱系[J]. 地质与资源, 2002, 11(4);250-252.

[7]路凤香, 郑建平, 陈美华, 等. 有关金刚石形成条件的讨论[J]. 地学前缘, 1998, 3(7).

[8]钱易, 唐孝炎. 环境保护与可持续发展[M]. 北京;高等教育出版社, 2010.

[9]涂光炽. 成矿与找矿[M]. 石家庄; 河北教育出版社, 2003.

[10]翟裕生, 邓军, 彭润民. 成矿系统论[M]. 北京;地质出版社, 2010.

[11]翟裕生, 彭润民, 向运川, 等. 区域成矿研究法[M]. 北京;中国大地出版社, 2004.

[12]翟裕生. 中国区域成矿特征及若干值得重视的成矿环境[J]. 中国地质, 2003, 30(4); 337-339.

[13]翟裕生. 试论矿床成因的基本模型[J]. 地学前缘;2014, 21(1);1-8.

[14]张进德, 田磊, 张德强, 等. 矿产资源开发与矿山环境保护战略研究[J]. 环境与可持续发展, 2013, 6;53-55.

[15]赵洋, 鞠美庭, 沈镭. 我国矿产资源安全现状及对策[J]. 资源与产业, 2011, 13(6);79-83.